儲かりまっか。

建設業繁栄の応援歌

北口 義明

まえがき

読者の皆様、ありがとうございます。この書籍をご購入くださり、感謝感激です。たいへん嬉しく思っております。読者の皆様の繁栄発展を祈念させていただきます。また、今後のご活躍を期待しております。

日本橋出版の大島拓哉社長はじめ編集者の方々にも大変お世話になり感謝に堪えません。拙い原稿に何度もアドバイスを頂戴し、やっと、ここまで来ることができました。ありがとうございます。どうか、今後ともよろしくお願い申し上げます。

さて、私は行政書士を開業して42年目になります。

当事務所で使用する封筒の表面に、「御社の繁栄が、あなた様の繁栄が、いつまでも続きますように！」と、事務所名より大きな文字で書いています。これは、いつもお世話になっている得意先さんに感謝を込めた封筒です。事業経営は、永遠の繁栄であってほしいものです。

一時的に繁栄される方は、世の中にたくさんいらっしゃいますが、従業員さんや得意先さんや協力会社さんのことを思わなくなり、倒産していく会社もあります。

一方で、従業員を大事にされ、得意先さん、協力会社さんにも感謝を忘れず、謙虚に経営されている会社は、確実に繁栄の道を歩んでおられます。

得意先である建設業者の社長さんや担当者を通じて、開業以来、多くのことを教えていただきました。愛と励ましをたくさん頂戴しました。今だ専門性を極めるまでには至っていませんが、少しでもお役に立つことができればと、本書を出版させていただきました。心より感謝いたします。

繁栄発展成功されている多くの経営者に出会うことができ、嬉しく思います。私は幸せものです。社長さんの感動する体験談を中心に、行政書士として実務を通じて実体験したもの、感動を受けた良書などのお話を綴っています。これらのお話は、建設業者の応援歌として綴っていますが、業種の異なる多くの経営者やサラリーマンの方にも参考になると思っております。また、自分自身の勉強のためでもあります。

建設業の歴史は古く、飛鳥時代の西暦５７８年です。本書に関連記事を載せていますが、１，４００年以上の歴史があります。以来、建設業界は幾多の栄枯盛衰を経て今日に至っています。

建設業界のことは、何も分かっていない自分ですが、浅薄な自分を顧みず、偉そうなことも書いています。しかし、心を込めて、魂でもって一言一句を綴っています。既に繁栄発展成功されているでしょうが、どの章から読んでいただいても、繁栄発展成功への道が増幅されると思います。自信を持って、お勧めいたします。

第1章では「自社の得意技で勝負する」と題して、付加価値を高められた得意先の社長さんの実体験を綴っています。また、付加価値を高めると共に、思いやりという得意技を高める視点を変えた事例も載せています。

第2章では「お金が貯まる経営」と題して、設備投資の難しさ、補助金の功罪、環境整備の重要さ、お金に対する考え方、お金の定義などを面白く綴っています。今も昔も、お金を貯める秘訣は、克己心の継続にあります。

第3章では「ダム経営は最高の経審アップ方法」と題して、経営事項審査について独自の視点から綴っています。特に経営分析を中心に、ダム経営の実践がもたらす効果を力説しています。実にシンプルな結論を導いていますので、公共工事に参画されている建設業者や予定されている建設業者にも、参考になるお話です。難しい話ではありません。出来る限り分かりやすく書きました。

最後の第4章では「繁栄が繁栄を呼ぶ（健康・素直な心・感謝・謙虚）」と題して、得意先の社長さんが実体験されたことを元に、経営に大切なことを述べています。まさに「智慧の経営」です。この章からお読みいただいても良いかと思います。

おそらく、新しい発見があります。新しいアイデアが生まれます。新しい智慧が出てきます。新しい心構えができます。新しい行動規範ができます。新しい勇気が湧いてきます。情熱が溢れだし、行動力が増します。なぜなら、得意先の社長さんらの体験談だからです。

最後になりますが、

「御社の繁栄が、あなた様の繁栄が、いつまでも続きますように」心より祈念させていただきます。

contents

第1章
自社の得意技で勝負する

建設業者の大半は、中小零細企業です。大手建設会社の真似をしてはいけません。第1章では、小零細建設業者が生き残るための方法論の一つとして、「自社の得意技で勝負する」と題して述べていきます。

例えば、付加価値の高い建設工事にシフトいくこと。建築業者なら木造建築に工夫を凝らすことや下請工事ではなく地元の元請工事に徹すること。土木や建築以外の専門工種である解体業者なら、解体業の専門性を高めること。その他、いくつかの例を紹介していきます。

結論的には、御社だけで勝てる（競争の外に出る）会社に育てていってください。これが社長の仕事であり、工夫されて付加価値を高めてください。

１.「きたない」「おそい」「いいかげん」の小さな工務店

下請工事から元請工事にシフトされて、付加価値を高められたＩ工務店のお話です。

小さな工務店ですが、玄関の上に掲げてある看板が実にユニークです。

「きたない　おそい　いいかげん」と、ひらがな文字で書かれていて「おそい」という文字が真中の上にあり、その下にねずみのキャラクターが描かれています。その左側が「きたない」で、その右側が「いいかげん」という内容です。

初めて、この看板を見た時は驚きました。Ｉ社長に思わず尋ねました。

「どうして、この看板を掲げられたのですか」

「目立つからです。殆どそれだけの理由でつけました」

「もっと何か他に理由があるのではないですか」と、突っ込んで尋ねますと。

「いいかげんは、ちょうど良いかがんの仕事をしますという意味です」

「おそいは、自分一人でやっているから、仕事がおそいという意味です」

「きたないは、どんなところの仕事でもしますから、きたないという意味です」

このような返事が返ってきました。Ｉ社長ならではの発想です。

国立高専を卒業されてから、様々な工務店の経験を積まれ独立されたのですが、なかなか、このような発想は湧いてきません。実にいい看板です。よく小さい工務店でも「総合建設業」という看板を掲げていますが、総合建設業はゼネコンの仕事です。零細企業は、ゼネコンの真似をしては儲かりません。

現実のI社長の仕事は、看板とは全くの正反対で、仕事は速く、きれいな良い仕事を、心を込めてなさいます。I社長との出会いは、当時の得意先であるT社長からの紹介でした。T社長いわく「Iに任しておけば、どんな現場でも安心できます。何より施主さんが一番喜んでくださいます。仕事が速く、大工の腕も一流です。何よりも自分の家のように心を込めて仕事をしてくれます」。これがI社長の姿ですが、看板は非常に謙虚です。

お仕事を頂戴して数十年が経ち、I社長ご夫婦で来所された時のお話です。

工事経歴を見ますと、元請工務店の下請工事ばかりでした。そこでアドバイスをしました。

「工務店ですから、下請ではなく、どんな仕事でもいいから、施主さんから直接いただく仕事を本気になって実践してください。最初は下請工事もあってもよいですが、徐々に元請工事に切り替えていってください。専門工種じゃないので、元請工事が必ず出来るはずです。地元の仕事を中心に信念をもって、元請工事を実践ください。信念を貫いてください」。

数年後、また、ご夫婦で来所されました。

「先生のアドバイスを守り始めたら、初めて施主さんの仕事を頂戴しました。そうすると、今度は、その施主さんからの紹介で、また、仕事を頂戴しました。おそらく喜んでいただけたのでしょうね。そうすると、紹介紹介で元請の仕事が増えてきました。今では、施主さんに待ってもらうようになりましたが、待ちますと言ってくださいます。ありがたい話です」。

また、数年後、ご夫婦で来所されました。

「先生、喜んでください。先生のおっしゃるとおり、元請仕事ばかりになりました。ありがとうございます。リホーム工事、水まわりの工事、間取り工事、外壁工事等をさせてもらっています。お客さんが並ぶようになってきました」。

このように、建築工事をされる小さな工務店は、自分の事業所を中心に四方10㎞の範囲でも良いので、元請工事に徹することです。どんな小さな工事でも良いです。営繕工事でも良いのです。むしろ、新築工事に拘る必要はありません。下請工事よりは利益率は高いはずです。小さな工務店は、地元で信用を勝ち取ることが儲ける工務店に変身します。

また、Ｉ社長のようにユニークな看板を掲げると目立ちます。その上、より良い仕事をこなすことで、地元で人気が益々あがり、元請工事が溢れ出します。小さな工務店は、地元の施主さんからの仕事に限ります。

2. プラント工事の機械屋さんに徹する

一般的な土木工事は、どこの業者も施工しますので、利益率があまり良いとは言えません。つまり、付加価値の少ない土木工事と言えます。自社にノウハウがないからと言って諦めずに、新しい知識や技術の習得にチャレンジしましょう。

ここで紹介するM社長は、一般土木からスタートされ、汚泥関係の土木工事へと付加価値を高められ、現在は付加価値がすごく高いプラント工事の機械屋さんに徹せられたお話です。

汚泥関係の土木工事に関しては、彼は全くの素人でしたが、その現場を細かく観察しながら、勉強されます。人の10倍ぐらいの速さで、その施工方法を習得されていきます。どのようにしたら他社より早く、その工事を完成することができるかを、独自の方法で構築されます。ここが彼のすごいところです。普通の土木業者にない先見性と習得術を持っていらっしゃいます。M社長のように、常に付加価値を高める努力を継続されることがポイントです。

数年前に個人事業から法人を立ち上げ、引き続き、汚泥関係の土木工事もされていましたが、ある工場長の出会いから、プラント工事を手掛ける知遇を得ることになりました。プラント工事の内容ですが、工場に複数の設備（機械器具）を構築していく仕事です。機械設計の図面に始まり、機械器具を制作し、それを工場内に設置する一連の工事内容です。

もちろん、Ｍ社長にとっては、プラント工事もずぶの素人でした。汚泥工事の時と同じように、プラント工事の元請業者にも知遇を得て、その現場を観察されて習得されていきます。何度も何度も現場に足を運ぶうちに、元請業者の下請工事を頼まれるようになり、現実に機械器具の設置からスタートされました。

プラント工事の下請をしながら、常に工夫を怠らず、元請業者より良いものを提供できないか、工期を短縮できないか、もっと便利な機械を創ることができないかと、来る日も来る日も考え続け、独自の施工方法を構築されていきます。それに係る先行投資には惜しげもなくお金を遣われます。付加価値を高めていくことの重要さを教えてくださいます。

やがて、その工場長から声がかかります。既存の元請業者よりもＭ社長の施工方法がはるかに優れていることが分かり、Ｍ社長に出番が廻ってきました。もちろん、既存の元請業者の社長も、Ｍ社長の素晴らしさを認められて、今では二社で付加価値を高めるために、日々、創意工夫をされています。

ある日、Ｍ社長に尋ねました。

「どうして、プラント工事を始めるようになったのですか」

「お金の匂いがしたんです。工場長から発せられるオーラにお金の匂いがしたんです」

これだけの理由で、プラント工事を始められて、今では、工場内の機械を設置するだけでなく、機械図面の設計から始まり、機械の制作、設置まで、まさにプラント工事の機械屋さんの仕事に徹せられています。通常、機械図面はメーカーの仕事ですが、ここでもM社長のチャレンジ精神は半端ではありません。

なんと、機械図面を3DのCADで作成されます。これに関しても全くの素人でした。最初はライン一本引くのに四時間もかかったそうです。今では、見事に3Dで図面を作成されます。完成させるのに最低三ヶ月。睡眠時間を削っての仕事ですので、目、肩、首のこりがひどく、何度も吐いてしまったそうです。そこまで努力された作品です。

その3Dを見せてもらったことがあります。ものすごく分かりやすいです。M社長いわく、「IKEAの家具のように説明しなくても、どんな家具が一目瞭然で分かります。この3Dも全く同じで、誰が見ても分かります」。

3Dの作成方法は、専門化と言われる機械屋さんの師匠から手ほどきを受けたそうですが、あとは独学です。通常は図面を引くことを仕事にされている方でも、機械図面を3Dで完成させるまでに至りません。途中で投げ出してしまう方が殆どです。その師匠いわく、「素人で、ここまで見事に完成させる人は殆どいません」。

３Ｄの機械図面の素人であったＭ社長は、見事に完成させた３Ｄ（ＰＣ）を持ち運んで、新規の施主さんに説明されます。施主さんが３Ｄを見た瞬間に「何と分かりやすい」と言われます。殆ど説明が不要で納得されるそうです。もちろん、そのプラント工事をＭ社長に依頼されます。プラント工事ですから、数億円の請負金額になります。最高の先行投資です。

このように、常に付加価値を高める努力をされることが重要であり、Ｍ社長はそれを見事に開花されました。何かに特化した工事は付加価値を生み、零細企業が生き残っていく具体策の一例です。

３．完成度が高い工場専門の建築業者

工場の建築を主眼においた経営方針を打ち立てるというお話です。

工場の建築も、付加価値を高める中小零細企業が生き残る専門的な工事になります。

大手ゼネコンは機械メーカーとしっかりとした基盤があり、大型工場の建設を多く手がけていますが、中小企業に合った、小回りのきく中堅建築専門会社が少ないようです。大阪でも、東大阪市や八

尾市は中小零細の工場が多く、ちょうど東京の大田区とよく似ています。

工場建築は一般住宅と違って、必ず機械器具を据え付けます。大掛かりのものから大小さまざまでしょうが、工場主とっては、この機械が最も重要な要素を含んでおり、使い勝手や生産性を大きく左右することになります。工場建築を手がけたことのない一級建築士や工務店は、とんでもない設計や建築になってしまうことが多く、その責任の所在を不明確にしたまま、泣き寝入りするのは工場主。大手ゼネコンに依頼すれば、機能的で良いものができますが、予算的に無理な中小企業には向きません。

年商50億。社歴40年の中で、最も多く工場建築を手がけてきたN社が本格的に、中小企業を対象とした提案型の工場専門建築会社に変身しようとしています。機械メーカーとの連携プレイが一番大事なことは言うまでもありませんが、社長の力強い決意一つで、全社員が一丸となって、進むべき道が出来上がりつつあります。

マンションもやる。倉庫も工場も手がける。一般住宅も施工する。これはゼネコンのすることで、中小工務店が真似すべきことではありません。得意技で勝負しないと低コストになってきた業界で生き残ることができません。得意分野を確立すれば、無駄がなくなり、アドバイスも的確になり、利益が確実に上がってくるようになります。

お世話になって7年目を迎えますが、社長のお人柄も極上です。さらに大きな羅針盤も出来ました。

思わず私も嬉しくなって、許認可などのアドバイスにも力が入りました。

4．専門業者が騙されやすい公共工事の落とし穴

専門業者は、専門工事に徹するというお話です。

解体業専門業者で、大きな信用を築いてこられたお客さんが、土木と建築の許可をとって、両方の経営事項審査を受けて、役所の仕事をしたいという依頼です。「経営事項審査」とは、文字どおり建設業者の経営審査をされる申請書類のことです。建設会社が公共工事に参画する時に求められます。何項目かの審査項目があって、役所に申請書類を提出します。その結果通知を受けて、申請会社の経営審査が判断されます。以下、経営事項審査のことを「経審（けいしん）」と呼称します。

ところで、その解体専門業者の社長さんとは15年ぐらいのお付き合いをさせていただいております。社長のお人柄も知っていますから、私はピーンと閃（ひらめ）きました。それは社長の考えですか。じっくりお話を聴かせてください。

思ったとおり、誰かの紹介で、役所営業をやっている方からの横車でした。その方を云々するつもりはありませんが、一般論として、この業界には、いまだにそういう方がいます。時代遅れもいいと

ころです。

何箇所かの会社と提携して、役所から仕事を引っ張ってきます。だから、許可の追加と経審（けいしん）を受けるようにアドバイスをします。相手の社長のことなど、何も考えていません。ご本人のごずかい稼ぎのみです。

年に何回か同じような相談を受けます。もちろん、ちゃんとした社長の考えや戦略があり、会社の方針がしっかりしていれば、いくらでも応援させていただきます。

30年も解体専門でやってこられた会社が、すぐに建築や土木の仕事ができますか。早晩、解体で儲けた利益が吹っ飛んでしまいます。いとも簡単に儲かるような口ぶりで話す紹介者。お人よしな社長は、ついほだされ話にのりました。

そうそう簡単に儲かるものではありません。みんな必死になって、専門分野の仕事を命がけでやっておられます。私の一声で、その話は没になりました。

会社の経営者にふさわしい形で、アドバイスをしてあげるのが、われわれ行政書士の仕事です。ただ許可をとればよい。経審（けいしん）を受けて、役所に参加すればよいというものではありません。

私はどのような相談でも、その会社の将来を考えながら、社長のお人柄も考慮に入れながら、処方箋を出します。役所仕事がその会社にふさわしくなければ、お断りします。無駄な投資になるからです。違う形で、その会社にふさわしい提案をさせていただきます。

その会社にあったアドバイスをしながら、地元でトップ3を目指します。時間もかかりますが、建設業者さんも得意分野で勝負なさってください。

解体専門業者も付加価値を高める工夫を怠らないことです。必ず、新しい発見やアイデアが生まれてきます。当たり前のことを当たり前のように進めないことがポイントになります。

5.「思いやり」という得意技

付加価値を高める工事にシフトされた例をいくつか紹介してきました。ここでは視点を変えて、「思いやり」という得意技を深められたお話です。

仮にSさんとします。お得意さんのY社長からSさんをご紹介いただきました。

Sさんは Y社長の会社の元従業員。Sさんの有限会社設立と建設業の新規申請です。

Sさんとほぼ1日をともにさせていただき、彼の情熱や商魂たくましい思いが伝わってきました。Sさんいわく「10代でも、20代でも、30代でも、40代でも、70代でも、80代でも、どんな年代でも、同じ目線で、語り合える仲間がほしい」と。

彼の人生感です。19歳の時にY社長に出逢い、同じ目線で語ってくれて感動しました。自分の居場所がなかった時に、Y社長にかけました。

両親は立派すぎて、自分を理解してくれませんでした。いろんな職場を経験しました。みんな、僕と違う。同じ目線で話しません。自分の居場所を求めていました。

塗装仲間の職人さんと、同じ目線で語り合えました。自分の居場所を見つけました。以来、塗装業一本で走って来られました。

Sさんの気持が、私の体中に染みわたりました。同じ目線で語り合えることが、どんなに大切なことか。Sさんをして教えられました。

同じ目線で語り合えることは、Y社長のSさんへの思いやりでもあります。相手に対する一つの愛情表現であり、与える愛そのものです。違う表現をすれば、経営者として最高の人格を備えた方だと思います。このようなY社長ですから、Y社長の会社は健康そのものです。毎期の決算では多額の利益を計上され、多額の納税をされています。Y社長の愛情や謙虚さが会社の繁栄発展につながっています。

一方、若い頃から同じ目線で語り合える方を求められたSさんも素晴らしいと感じました。なぜなら、愛情表現の仕方は異なりますが、Y社長と同じような考え方や想いを持っておられたからこそ、Y

社長に出会え、引き合うものがあったのではないでしょうか。Sさんの会社も順調に伸び、3年前に自社ビルを建築されました。

やはり、相手の思いやりを大事される経営者、それを受け止める方の想いも、喜びや感謝の気持ちで溢れています。だからこそ、善回転が善回転を呼び寄せ、共に発展されるのですね。

ところで建設現場を効率よく進めていくためには、次のようなことが基本と言われています。お客さんに喜んでいただいて顧客満足を高めること。適性利益を出すこと。協力会社にも利益を提供できること。可能な限り短い工期で施工すること。無事故、無災害で施工すること。近隣の人たちと調和していること。自然環境を保全すること。働きやすい現場で従業員の満足度が高いこと。どれ一つとして、おろそかにできません。

しかし、Y社長やS社長の考え方も、建設現場を効率よく進めていく要素の一つではないでしょうか。大事にしたいですね。

6．1，400年以上の歴史がある宮大工さん

宮大工さんの技術は、後世に残さなければならない建築技術だと思います。

宮大工さんと言えば、金剛組を思い出します。大阪の天王寺区にある建設会社ですが、創業は何と飛鳥時代の西暦578年です。今は2024年ですから1446年の歴史がある世界最古の会社です。第30代敏達（びだつ）天皇の時です。1446年前に聖徳太子の命によって四天王寺を建立した宮大工さん金剛重光氏がルーツです。

金剛組の本社は、私の事務所から比較的近いところにあり、行政書士の開業当初から知っていました。宮大工に興味を持っていましたので、一度、会社訪問をさせてもらったこともあります。その後、経営状態が悪化しました。平成17年（2005年）頃の話です。しかし、当時の高松建設㈱の支援により、健全に立ち直り現在に至っています。

リワナビNEXTジャーナルのネットからの引用ですが、「金剛組を潰したら大阪の恥や。古いものは一度なくなってしまうと二度と元に戻すことはできない。そうでなければ長い年月、積み重ねてきた人の努力も技術もなくなってしまう。商人の街、大阪の上場企業として、それを見逃すようなことはできない」と、当時の高松会長が取締役を集めて告げた言葉です。

「一般の建築屋だったら、支援はしていないでしょう。世界最高の社寺建築屋で、国宝級の技術があったからこそ、支援が決まりました」と、現在の金剛組である刀根社長の談話です。

「大阪の恥や」宮大工の技を「国宝級や」という熱い思いで、金剛組への全額出資が決まったわけですが、やはり、誰かがどこかで見ているのですね。１４００年以上の歴史と国宝級の技術を持つ会社を支援されたわけです。まさに「義理と人情のなにわ節」です。高松会長の心意気に感動しました。ある意味では、国宝級の日本伝統を後世に残された大事業と捉えても、おかしくありません。

もう一つ、宮大工さんで思い出すのが、西岡常一氏です。「木に学べ　法隆寺・薬師寺の美（小学館）」という書籍があります。その中にこんな一説が書かれています。引用があえて長くなりますが、お許しください。

「長い目で見たら、木を使って在来の工法で家を建てたほうがいい。今ふうにやれば一千万円ですむものが在来工法で建てると一千二百万円かかりますわ。そのかわり二百年はもつ。一千万円やったら25年しかもたん。二百万多く出せば二百年もつ。どっちが得か考えてみなさい」。

「なぜ二百万円高くなるかいうたら、つまらん理由なんですわ。在来工法ですと柱と柱の間が二間で、４ｍ25㎝の材木でないとほぞが刻めないいんですね。そやけど４ｍで切ってしまいますので、材木屋が。規格ゆうてボルトでさっととめる。ほやから在来工法でやろと思たら、材木を特別注文せにゃならん。それで高うなるんですわ」。

「建築規準法も悪いんや。これにはコンクリートの基礎を打回して土台をおいて柱を立てろと書いてある。しかし、こうしたら一番腐るようにでけとるのや。コンクリートの上に、木を横に寝かして土台としたら、すぐ腐りまっせ。20年もしたら腐ります。やっぱり法隆寺や薬師寺と同じように、石をおいてその上に柱を立てるというのがだいじなんです。明治時代以降に入ってきた西洋の建築法をただまねてもダメなんや」。

さすが名大工のおっしゃることは違います。未来に向けても大事にしたい建築技術ですね。宮大工さんのような専門工種も、絶対になくてはならない貴重な存在です。

金剛組の話もしましたが、日本の建設業界は長い歴史をもっています。１４００年以上に渡り、素晴らしい技術を磨いてこられました。日本の宮大工さんの技術は、後世に残さなければならないと痛感しました。

7. 小零細企業は建設業の看板を工夫する

小零細企業は大きな会社の真似をしてはいけません。建設業は奥が深く、つかみきれません。超高層ビルや東京ドームを建てるような、スーパーゼネコン。瀬戸大橋や高速道路を造り、日本地図を変えてしまうような大きな土木会社もあります。地図を変えるなんて、男のロマンを感じますね。それから、中堅の工務店。店舗専門の業者。造園業。解体を得意とする会社。電気屋さん、ガラス屋さん。塗装の専門から一人親方の大工さんまで。多種多様にわたり、一生かかっても極めることができない世界です。

大きな会社は、ビルもマンションも大型店舗もこなす総合建設業でよいかもしれません。しかし零細企業は、零細企業なりのやり方を考えましょう。

親方一人しかいない工務店でも、看板に「総合建設業」と掲げてあります。総合的に何でも出来るでしょうか。もっと、専門性を活かしてして、例えば、「木造専門の工務店」「居宅のリホーム専門」「冬暖かく、夏涼しい家を提供します」「小さくてもデザインの良い家」というような看板にしてほしいです。特化すべし。何でも出来るは何でも出来ないことにつながります。最終的にお客様に良いサービスが出来にくく、結局、いつまで経っても中途半端に終わります。

何でもやるから一応勉強します。しかし、勉強していても知識が分散されて、かえって徹底したアドバイスや的確な応用も利きません。集中ができません。サービスもワンパターンになりがちです。その結果、お客さんは満足度が低くなり、リピートもこなくなります。

特化すれば、勉強範囲も狭くなり、奥深く学ぶことができます。お施主さんの満足度が高くなります。安心を与え、リピートがかかりだします。やがては、お客さんが並ぶようになります。一知半解な提案や対応では、お客さんは満足しません。反対に、お客さんの方が勉強されている場合が多くあります。もっとも、素人の域がでない部分もありますが、施主の気持ちを理解できていない工務店が現実に多いようです。顔には出さないが、面倒くさいと思ってやっているので、両者に喜びが生まれてきません。予算的な問題もありますが、そうではありません。情報不足と知識不足と努力不足です。だから仕事が続かないのです。

ゆえに、狭い範囲で勝負すべし。これだけは負けない。これだけは勝てる。ニッチトップで勝負しましょう。

何でもやらないと仕事がないというのは現実的であるが、戦略性に欠けます。最終的にロスが多く儲かりません。本当は、特化しないと零細企業は生き残れません。戦略的に推し進めていけないところにジレンマがありますが、戦略的に行動しない。行動結果も分析しない。行き当たりばったりの経営だから、戦略的に行動してほしいと考えます。

8. 役所の予算を追加されるほどの積算名人

得意先であるK建設会社のA社長は、公共工事の積算名人です。

積算名人も、一つの特化した能力であり、零細企業が生き残るための戦術の一つでしょう。

A社長は、これと思った公共工事に関しては、1万円の誤差もなく落札されます。A社長に「その秘訣は」と尋ねますと、教えてくれません。A社長なりの何か極秘の予算立てがあるらしい。

A社長の会社は、社長を含め3名で経営されている少数精鋭主義を徹底されています。長年お世話になっていますが、毎期、数千万円の税金を納付されている超優良会社です。

A社長自ら、各現場ごとの予算と原価管理をエクセルを利用して作成されていますが、売上高より利益率を重視され、その徹底ぶりは、他社が真似ができないところもあります。

例えば、役所が算出した予算に対しても、役所に良き提案をされて、落札された契約金額に追加予算を出してもらえるぐらいの交渉をされる方です。もちろん、役所のために良き提案をされていますので、役所の方も対応され追加予算が出ます。結果的には自社の利益率アップにつながっています。役所の担当者も根をあげるぐらいに、誠実で正当な交渉をされます。

下請工事の場合にも、元請さんに利益率アップにつながる良きアドバイスをされて、結果的に黒字金額が増えることになり、元請会社の社長もニコニコ顔です。

A社長は、非常に智慧のある経営者です。各建設現場の予算立てには、他社の積算担当者も脱帽状態で、アドバイスをA社長に求められます。懇切丁寧に教えられますが、マル秘の部分は誰にも分かりません。

得意先の数社に積算名人も何人かいらっしゃいますが、A社長ほどではありません。あまりにも、A社長の積算が連続して命中するので、得意先の積算担当者が私にA社長を紹介してくださいと依頼がありました。この依頼にも、A社長は快諾くださり、丁寧な対応をされました。かなりのアドバイスをその担当者にされたようですが、やはり、マル秘の部分は、今だに判明していません。

K社は零細企業ですが、建設現場の内容が優秀で、大阪府で何度も表彰されています。積算名人もさることながら、建設現場の技術力も大手に負けないぐらい持ち合わせていらっしゃいます。鬼に金棒です。積算名人も、零細企業が生き残るための戦術の一つでしょう。やはり、何か一つ優れたものを持つことは、零細企業にとって欠かせない武器だと思います。

自社独自の何かを開発していけば、他社と競争しなくても、充分に生き残っていけます。そういう意味では、A社長の努力される姿に頭が下がります。

9. セルローズファイバー（断熱・防音・結露）

セルローズファイバーという断熱材があります。

断熱効果は土壁の20倍。冬あたたかく、夏涼しい。

冬の寒い時期に結露しません。夏の逆結露もありません。防音効果もすぐれています。

壁の断熱材には、グラスファイバー、ロックウール、ポリスチレン、ウレタンなど、いろんな材料がありますが、セルローズファイバーは優れものです。快適安心の魔法の断熱材です。

新聞紙を細かくしたものに、ホウ酸が入って、ダイヤモンドのような断熱材に変身します。綿状になっており、躯体（くたい）の中に充填していきます。

昔は、竹を編んだ土壁で呼吸する家でした。いつしか、外壁がサイディングになり、内側はクロスです。

その外壁とクロスの間に入れる断熱材をよく検討された方が良いです。家を建てる前に。リホームする前にです。建ててからでも遅くありません。後からでも、セルローズファイバーを施工することができます。太鼓音もしません。防音性にも効果を発揮します。

日本の家は、夏を涼しく過ごせるように建築されてきました。最大の欠点は、冬が寒すぎます。そこで、セルローズファイバーの出番です。

関西でも、セルローズファイバーを利用する住宅も増えてきましたが、それは建主が要望するからで、専門家の工務店も建築士も、本当の意味でその良さに気づいていません。知っていても予算の問題で、避けてとおるらしいです。

とんでもない話です。他の予算を削ってでも、セルローズファイバーを利用してほしいと思います。床暖房など必要ありません。真冬でも、一つの暖房機で部屋全体が暖かいです。

自称、断熱屋。山本順三さん。現場を知り尽くした、セルローズファイバーの第一人者です。「この本を読んでから建てよう（成甲書房）」と「無暖房・無冷房の家に住む（三一書房）」の著者でもあります。施工部隊と共に日本全国を飛び廻ります。

もちろん、わが家は、セルローズファイバーがキンキンに詰まっています。

断熱屋の山本順三さんに惚れ込んだ理由は、本物を求める、本物志向だからです。現場と理論の両方を兼ね備えた断熱材のプロです。

実際にお会いし、断熱の話を伺いました。山本節が始まります。

大学の建築学科でも、断熱や音、結露のことをほとんど教えていません。家を建てる時に重要なことはいくつかあります。地盤、基礎、柱や梁（はり）などの構造体（躯体）等も非常に大事なことですが、それらは耐震問題でかなり規制も厳しくなり、やっと欧米からみれば、中学生程度になりました。

しかし、断熱材や防音、結露については、大学の先生も間違った教えを平気で説いていますし、建築士も工務店もほとんど分かっていません。断熱や音の問題、結露については、未だ小学生にもなっていない現状です。建築全般に関しては後進国もいいところです。

このように、断熱材一筋に経営されることも得意技の一つであり、書籍まで出版されていますので、それに賭ける意気込みは相当なものがあります。どこまでも本物を貫いた男意気を感じます。

10. 透湿する自然素材

今回は呼吸する家のお話です。呼吸しない家は住宅ではありません。獣宅です。

ポリスチレン、グラスウール、合板、ロックウール、ウレタン、ビニール、ＦＰの家、外張り断熱、ＥＶパネル、ソーラーサーキット、ＯＭソーラー、スーパーウォール、高気密測定、アキレスＵＨ、これらは全部間違いです。

「無暖房・無冷房の家に住む（三一書房）」からの引用です。山本順三氏の承諾を得ています。

著書の山本順三さんに言わせれば、公害を起こす建材を使った家は「住宅」ではなく、「獣宅」となります。シックハウスやアトピーなどが発生しやすい、音が吸音しなくて響く、結露します、火災時には有毒ガスが発生して死に至らしめます。これらの家を提供している、工務店や建築士に警告を発しています。

結露の意味が全くわかっていません。音の意味も理解していません。本当に結露や音の意味を理解していれば、ＦＰの家や外断熱、基礎断熱が完全に間違っている工法か、すぐに理解できるはずです。

山本さんの強調されていることは、自然素材を使うことは当然ですが、特に壁の中、外側、内側に、すべて透湿（とうしつ）する自然素材を使うことです。壁の中の断熱材は、もちろん「セルローズファイバー」を充填（じゅうてん）します。すべて透湿する自然材料を使えば、通気層も不要と言いきります。

内装材に透湿するルナファザーやチャフウオール、珪藻土（けいそうど）、漆喰（しっくい）、無垢板（むくいた）を使います。壁の中の断熱材も透湿する材料であるセルローズファイバーで断熱します。外壁も透湿する「土壁」「漆喰」「そとん壁」「珪藻土」を利用します。

すべて透湿する建材で統一するから、呼吸する家になり、部屋の中はまろやかな空気になり、適度の湿度が保たれ、健康にもよいのです。高温多湿の日本風土にあった住宅になります。

内側、壁の中に透湿する材料を使っても、外壁がサイディングでは意味がありません。サイディングやパワーボードの場合は、通気層を設けることでカバーできますが、本来の住宅にはなりません。サイディングやモルタルは、家の外をビニール袋で包んだ状態になります。もうお分かりだと思いますが、雨の日にビニールのカッパを着たら、内側は汗をかく、つまり結露するわけです。

昔の家は、壁の中が竹を編んだ土壁で透湿していました。外側も内側も透湿する材料を使っていましたから、まさに呼吸する自然の家でした。しかし、土壁の断熱効果が低い。つい半世紀前までは、日本の家も住宅であり、獣宅ではありませんでした。しかし、経済ばかり追求してきた建築業界が提供してきた家が獣宅になってしまいました。この責任は重いと山本さんは怒ります。

土壁の断熱効果が低い。そこで、セルローズファイバーの登場になります。断熱効果は最高です。結露はしません。防音効果もあります。セルローズファイバーの材料費は安いです。施工に若干の費用がかかりますが、土壁よりはるかに安いです。

山本さんの実践理論（現場と理論を兼ね備えた）は、断熱材であるセルローズファイバーを中心に据えて、外も中も内も、すべて透湿する自然材料をつかって家を建ててくださいということになります。

くどいようですが、この透湿する意味がわからないというより、理解しようとしない工務店や建築士が多すぎます。結露や音のことも全く分からないで家を建てている大手のハウスメーカーや工務店を批判します。

私は大げさに山本さんを推奨しているわけではありません。建築関係の書物を１００冊は有に読んで、山本順三さんに出会いました。もっと、正直に言えば、「無暖房・無冷房の家に住む（三一書房）」を精読する前までは、ここまでは理解していませんでした。本当の意味で、山本さんが言う意味が理解できました。

彼自身も「体験館」を建て、「無暖房・無冷房の家」を実践しています。

良心的な価格と本物の自然に近い家を建てようと思っている方は、この「無暖房・無冷房の家に住む（三一書房）」と「この本を読んでから建てよう（成申書房）」を真剣に読んで理解すれば、どの工務店が、本物か偽者か見分けがつきます。

本物を求める、本物志向の山本さんにしか書けない、断熱・防音・結露の本です。

11. 無垢の木と自然素材にこだわる住宅専門業者

無垢の木と自然素材を使用したこだわりのM住宅専業者のお話です。

実は、この会社でマイホームを建てていただきました。55歳の時です。既に建設業専門の行政書士として23年経っていましたので、得意先の90％が建設業者ばかりでした。自宅近くの地元工務店も数社あり、仕事上でお世話になっていましたので、家を建て替える時に相当悩みました。なぜならば、地元の某得意先にお願いすれば、他の得意先に顔向けできない状態になるし、困り果てていました。そこで、得意先には申しわけないが、得意先以外の建築会社を探すことにしたわけです。

元々、木造建築を建てるなら、腕の良い大工さんにお願いするのが一番と考えていました。なぜなら、家の建築は大工さんの腕次第で決まると言っても過言ではないからです。友人知人にも同じようなアドバイスをしていました。また、私自身も家に対するこだわりを持っていて、無垢の木と自然素材を活かした家と、断熱材はセルローズファイバーに決めていたからです。

こだわりの勉強を始めてから１００冊程度の書籍を読破しました。その1冊に新潟にある某建築会社に出会い、大阪のM社を紹介してもらいました。そして、もう一冊は、断熱屋の山本順三氏とも知遇を得ることができました。その結果、建築はM社に、断熱工事は山本さんに決めたことで、得意先への悩みは解消しました。

元々、M社のH社長とK専務は、大工さん出身でもなく、不動産業に従事されていた方々です。しかし、新潟の建築会社にほれ込んで、無垢の木と自然素材を使用した家創りを決意され、揺るぎない信念を持たれ独立されました。そのこだわりは半端ではありません。彼ら二人は、宮大工に近い腕の良い大工さんに建築の方は任せ、その他のことは監理監督から一切のことをされていました。自然素材へのこだわりは、目を見張るものがあります。

H社長の計らいで、新潟の会社に見学に行きました。その会社の社長さんにもお会いでき、工場や建築現場も見せていただきました。ヒノキ、赤松、桐などを使った家の中で数時間を過ごすことができ、無垢の木や自然素材の良さを実体験できました。

このように、無垢の木と自然素材にこだわる住宅専門会社は、大手ハウスメーカーと異なる独自のこだわりで経営されていますので、多くのお客様に感謝され、お客さんが並んでいます。M社も同様で、非常に繁栄発展され、毎日忙しくされています。

やはり、零細企業は自社の得意技で勝負すべきです。

12. オールアース住宅

M社の現場見学会に行ってきました。電磁波についての勉強です。

電磁波が体によくない影響を及ぼしています。だから、電磁波対策の住まいがこれから求められます。

ホルムアルデヒトが出ない家、カビやダニの発生を抑える空気循環型の家、絶対に結露しない家、断熱効果のよい家。家もかなりよくなってきて、シックハウスを起こす家も少なくなってきました。

しかし、家の建築に関しては、欧米に比べて日本はまだまだ後進国。セルローズファイバーという、すばらしい断熱材があるにもかかわらず、その存在すら知らない工務店もあります。

電磁波に関しては、もっとお粗末でしょう。電磁波対策をした家が大阪に初めて建築されました。それが「オールアース住宅」です。

M社さんが、大阪市住吉区で建てられた3階建の家です。もちろん、M社さんが建てる家ですから、無垢の木を使い、自然素材で呼吸する住まいですが、そこにプラスして「電磁波」対策もバッチリの快適住宅です。

電磁波は、過剰になると生体バランスを崩す原因になり、病気や精神障害などを引き起こす可能性があると言われています。また、化学物質過敏症などアレルギーを引き起こす原因の一つとしても注目されています。

電磁波の影響で、病気になった方が全国で40万人と言われています。電気の使用料はこの40年間で6倍になりました。現代の建物の内部には、昔の建物と比べて膨大な電気配線が張り巡らされています。一軒の住宅に使用される電気コードが600m以上と言われています。

昔に比べて電化製品からパソコンまで、ずいぶんと増えました。家の中が電気の配線だらけになっているということです。ここから電磁波が出て、電磁波の影響を受けて、様々な病気を訴えている方が増えているということです。

一日だけ「ブレーカー」を切って、電気のない生活をしてみてください。ブレーカーを切ると電磁波は発生しません。どんなに快適か実感できます。山の上に登った時に味わう快適さと同じ体感ができます。だから、知らない間に電磁波の影響を受けていることになります。

特にパソコンには電磁波が多く気をつけてください。対策は「アース」をきちんと取れば大丈夫です。

この電磁波の研究されている方が「土田直樹」さん。彼の著書「オールアース時代がやってくる（ホノカ社）」があります。国内で唯一、彼だけがこの電磁波の第一人者です。彼の会社の名前が「株式会社レジナ」といいます。レジナとはラテン語で聖母マリアという意味があるそうです。

電磁波対策については、欧米諸国に比べて25年も遅れているそうです。ほんと、日本の建築業界は、あまりにも経済原理ばかり追求して、人間によい家を提供していない。住宅というより獣宅ですね。大手のハウスメーカーにあっては、それが顕著に現われています。

私たちも、他人事ではありません。電磁波についてもある程度の知識をもって、家の建て替えを考えられることをお勧めいたします。

13.「潜在意識が善回転する」得意技

再び視点を変えて、「潜在意識が善回転する」という得意技のお話です。

具体的な付加価値を高める事例ではありませんが、得意先のＫ社長のような深い愛情を持って、従業員さんや協力会社さんを大切される事例です。自ずから、会社は発展します。

Ｋ社長の素晴らしいところは、どのような相手に対しても人を責めないということです。

役所の人に対しても、元請さんに対しても、協力業者さんに対しても、Ｋ社長と関係のある方々に接する態度に教えられるところがあります。一旦はじっくりと相手の方の話を最後まで聴かれます。例えば、自分が好まない相手でも、Ｋ社長の対応は変わりません。どのような相手でもいつも同じ対応をされます。

そして、いやな相手や欠点だらけに思えるような方でも、必ず受け入れて、彼らを良い方向にもっていこうとされます。彼らに対して、罵倒したり、悪口や不平不満など一切話されません。いつも彼らが成長してくれることを望まれています。

まだまだ、Ｋ社長の素晴らしいところがあります。

このような社長ですから、協力業者等から相談事がいつも舞い込んできます。彼は、どんな相談ごとても自分のことのように、その解決策を一緒になって考えられます。ご自分の仕事がどんなに忙しい時でも、相談事を優先され、いつも良い方法を模索されています。

まるでK社長の潜在意識が善回転しているようです。不思議な魅力を感じます。

ある日、K社長に尋ねました。「どうして、どんな方にも深い愛情を示されるのですか」。

「おそらく、おじいちゃんの影響が大きいかったと思っています。子供の頃、休みごとに母親の実家に行ってました。おじいちゃんが『自分のことより、人が喜ぶことをしなさい。きっと良いことあるよ』。実家に遊びに行くたびに言うので、子供心に良いことがあるなら、そうするよ。なぜ良い結果になるのか理由も分からず答えていました」。

「すごい、おじいちゃんですね」。「そうなんです」。

「その後、専門学校を終えて地元の建設会社に就職しました。社内の人間関係で悩んだ時期も多々あって、その時にいつも、おじいちゃんの言葉が浮かんできて、自分自身の励みにしていました。いつしか、それが自分の習慣になった感じでしょうか」。

「実際に経営されている方の本を読むの好きで、そのたびに、おじいちゃんが教えてくれた意味が分かるようになってきました。あれですよ。諺にある『情けは人の為ならず』自分に良いことが巡り巡りかえってくる。別に期待してやってませんが、私の習慣みたいなものです」。

「社長の習慣ですか。いいですね。潜在意識が旗ふって応援してますね」。

Ｋ社長のように良きことが習慣になれば、潜在意識が善回転して、会社経営にも良い影響を与え、繁栄発展する会社に成長していきます。

14. 得意技を活かし仕事目標を固める

ここでは、総論的な話になりますが、得意技を活かし「仕事目標を固める」という信念を貫く智慧のお話です。

解体専門なら、解体のプロになってください。どんな解体もこなすことはもちろんのこと。解体時間を今の10倍に短縮できる道具や機械を発明するぐらいの専門性に徹します。解体した後の産業廃棄物も、一から百まで分別できるような業者になっていただきたい。解体が終わったら、隣近所がびっくりするぐらいの掃除をします。みんなが圧倒するような清掃を徹底し、実践します。

工場専門の建築を目指すなら、職人さんが自由奔放に作業ができる、安全で、アイデアが次から次へ浮かぶ、工場設計と建築に命をかけてください。電気コンセント一つにも心配りの配線を考えます。明るく、女性にも安心できる空間であってほしい。トイレも、トイレのイメージを超えるようなレストルームでありたいですね。

冬暖かい、夏涼しい、快適な工場。断熱材一つにも研究を重ねます。ゼルローズファイバーという、すばらしい断熱材があります。従業員が働きやすく、癒す空間を創造します。ノーベル賞がでるぐらいの工場を提案します。工場建築は、工場設計士のプロと機械メーカーと心ある建築業者でないと、工場主が納得しません。

そして何よりも、儲かるような間取りを考えます。儲けるとは、「信じる者」と書きます。従業員を信じる。得意先を信じる。仕入先を信じる。協力会社を信じる。人を信じることが、儲けることにつながります。そういう、儲けることを主眼においた、工場建築を構築してください。提案してください。工場専門の建築イメージを固めます。一生かけて、工場建築のプロになってください。日本一の工場建築会社を築きます。

はっきりとした仕事目標を固めてください。内装工事でも、塗装工事でも、防水工事でも、すべて同じことです。造園工事でも、電気工事でも、はっきりとした仕事目標を固めます。はっきりとした仕事目標を固めることによって、次になすべきアイデアが湧いてきます。どんどん湧いてきます。泉のように湧いてきます。

固めたら、その方針を変えないことです。ふらふらしないこと。仕事目標を変えず、一つに絞ります。信念を貫く。信念を貫きとおします。どんな逆境がきても、大きな目標を変えてはいけません。むしろ、逆境を教訓にして、バネにして、仕事目標を徹底させてください。考えぬく。多くの方を幸福にする仕事目標を考えてください。多くの方を幸福にできるような具体策を考え、考えて、考えぬいてゆきます。幸福を与えます。自社にあった仕事目標を練りあげ、完成させます。お金をかけず、頭と心をつかって、ニッチトップを目指します。

かかる日には、最高、最大、最強の業者になります。最高は謙虚さであり、最大は寛容さを拡げます。最強は感謝の一言に尽きます。そんな専門業者を目指し、仕事目標を日々点検し、潜在意識に刻印し続けてください。

15. 御社だけで勝てる会社に（競争の外に出る）

自社の得意技を活かして、付加価値の高い工事にシフトしていくこと。また、精神的な得意技も高めていただき、日々の建設経営に邁進されることを述べてきました。

ここでは、御社だけで勝てる会社にすること、つまり、競争の外に出るというお話です。これを実現されている熱い経営者の共通点を述べています。それではスタートします。

　御社の得意技は何ですか。御社だけで勝てる技術力は何ですか。御社のポリシーはなんですか。御社だけで勝てるものは何ですか。ないなら、これから創っていきましょう。既にお持ちの会社は、それを膨らませてください。他社と同じようなことをしていても、会社は儲かりません。会社にお金は貯まりません。御社だけで勝てるものを創っていかない限り、生き残ることは出来ません。言葉を変えれば、競争の外に出るということです。

　どんな世界にも競争はあります。野球や相撲も勝敗を競います。建設業者も同業者間での競争もあります。受験や就職活動も同じです。ある意味、この世の中は競争の世界です。

　しかし、そんな常識に左右されないことです。勝ち負けではなく、競争社会の外に出ることです。本当の勝利は、競争の外にあります。つまらない常識論や儲からない理由に左右されていませんか。政治や景気、環境の責任にしていませんか。環境は余程のことがない限り変えることは出来ませんが、自分自身は、いつでも変えることが出来ます。

　競争の外に出ることが出来ない原因は、劣等感や失敗、挫折など様々でしょう。それらを捨てれば、競争の外に出ることが出来ます。御社だけで勝てるものを発見できるはずです。失敗や挫折から脱することが出来なければ、競争の外に出ることが出来ません。例えば、建設現場の失敗や挫折を引きずっていたら、競争の外に出ることが出来ません。人間関係で挫折していたら、競争の外に出るまで時間がかかり過ぎます。

すべてを反省され、さっぱりと捨てることです。そして、反省から発展に向けて、新しい競争の外に出ることです。

解体業者、塗装業者、防水業者、木造専門の建築業者など様々ですが、御社だけで勝てるものは何ですか。

他社より工期を一日短縮出来ることですか。積算名人がいて、全員が原価意識と利益意識が高い会社ですか。解体業者なら掃除が日本一ですか。確かな経営戦略があり、経営計画に沿った実践経営をされている会社ですか。管理会計が徹底されている会社ですか。

これらも大切なことです。お金が貯まる方法論です。しかし、それだけでは競争の外に出ることは出来ません。その具体的な答えは分かりませんが、答えは一つではありません。必ず、御社に合ったものが発見できるはずです。

税金も社会保険料も高い。消費税も高い。政府の間違った施策で経営者は大変です。経営は厳しい。しかし、それらを乗り越えてください。施策や社会環境を的確に掴んで経営をすることも大事ですが、御社だけで勝てるものを発見なさってください。社会保険料を超える会社、税金を超える会社に創りあげてください。

競争社会の外に出て、社長自身で勝てるものを創りあげてください。現実に、税金もきちんと納め、社会保険料も払い、儲けている会社もあります。多くのお金を貯めている企業もあります。カネ回りのよい会社もあります。

御社だけで勝てるものを発見するには、会社によって違います。正解は様々で、経営方針も異なるでしょう。得意先の社長は、これらの正解を求めて、いつも頭を悩まされています。日々イノベーションを重ねていらっしゃいます。納税意識も高い。日々、格闘されています。多額の納税をされ、従業員を大切にされ、智慧と汗の結晶である経営に邁進されています。

その社長さんらに共通することを発見いたしました。

それは、仕事への熱い情熱と動機の問題です。深い愛の動機が原点にあります。

お金が貯まる建築業者は、自分の家だと思って工事をされています。自分の家やマンションを建てるつもりで仕事をされています。土木業者は、自分の道路や庭だと思って工事をされています。そこに必ず経営のヒントを発見されています。そこに智慧が湧いてきて、次なる現場に活かされています。そこにインスピレーションが降りたアイデアを経営に反映されています。社長だけで勝てるものを必ず発見されているはずです。

マインドセットを変えた社長が、奇跡を起こし、奇跡の連続を繰り返し、お金が貯まる会社に変えていらっしゃいます。工事に携わる動機がポイントです。経営や仕事に対する動機が鍵になります。動機が問われます。心を込めた良い動機は、最終的にお金が貯まります。

動機が間違った工事現場や経営方針はどこかで収斂され、最終的には手許から、お金が消えていきます。一時的には手許にお金が残りますが、どこかで違った形で消えたり、病気や事故、家庭不和などで反省が待っている場合もあります。

会社経営で、様々なことを経験された社長が、どこかでマインドセットを変えられ、儲ける会社、お金が貯まる会社にされています。深い愛に裏打ちされた動機に始まり、日々イノベーションを実践されている会社が、これから生き残る会社です。

マインドセットを変えよ。みなさまの会社が、いつまでも繁栄発展いたしますように、心よりお祈り申しあげます。

第2章
お金が貯まる経営

「お金が貯まる倉庫」でも述べていますが、一万円札をドブに捨てる者はいませんが、建設会社ではこれに近いことが日常茶飯事のように起きています。

第2章では、このようなお話も交えて「お金が貯まる経営」と題して、いくつかの例を上げています。お金に関しては一攫千金はないと心得てください。勤勉と倹約がもたらす克己心がなければ、お金は貯まりません。この根本原理は、今も昔も変わりません。

なぜならば、金額の大小に関わらず、鍛え上げた克己心は、世間の信用を生み、自分自身の安心感を膨らますからです。それを継続していく事が、お金を貯める秘訣の一つです。

1．高い重機の代金

設備投資の難しさを述べた事例です。お金の効率的な運用になる場合と、反対にお金を失ってしまう場合がありますので、設備投資は慎重になさってください。昔、お世話になっていたP社のお話です。

少しまとまった工事が決まり、社長はすぐに重機を購入されました。

理由は簡単。一時的なリース料は割高で、分割でも良いから購入すれば、これからも現場で使うこともあるからです。手元にあれば即戦力になることから、結局は安くなるということで購入されたのでしょう。

しかし、その重機の出番がなかなか周ってきません。5年に10回も利用すればいいほうです。安易などんぶり勘定で、高額なユンボを契約し、残ったのは自動的に落ちていく毎月の分割代金だけです。

仮に2，000万円の受注工事に対して、一時的な重機のリース料が400万円とします。400万円もリース料を支払うなら、買ったほうがよい。そこで1，200万円の重機を購入し、5年分割で毎月20万円の支払いをしていきます。結局、400万円の原価が1，200万円になり、重機の置場やメンテまで含めると、もっと高い費用になります。その重機がフル活動すれば良いのですが、遊んでいることが多いのが現実でした。

設備投資や固定資産の購入は安易になっていませんか。本当に不便さをいつも感じ、もうこれ以上工夫しても工夫しても出来ない時に考えてください。設備投資は慎重に進めてください。苦しみ続けた最後のご褒美みたいなもので、単に便利だから、長く見れば安くつくからという理由で決断すべきものではありません。カネ回りが悪くなり、それだけお金が寝るだけです。

合理化する設備投資や資産の購入が、逆に高い原価になって、本当の合理化や経費節減になっていません。結局、お金が貯まるどころか、お金を失っています。

P社の場合は、重機を購入したものの、使用頻度があまりにも少なく、収支が大きくマイナスになりました。しかし、必要な重機類を所有したほうが良いのか、リースやレンタルと比較するとどうなるのかは、難しいところがあります。きちんとした経営分析をしないと分かりませんが、使用頻度を考慮すれば所有するメリットもあると思います。

いずれにせよ、設備投資は慎重に進めてください。

2. 高度安全機械等導入支援補助金

補助金制度の功罪を述べた一例です。

積載形トラッククレーンの購入を予定されている得意先の社長からの相談です。

確かに高度安全機械等導入支援補助金は、積載形トラッククレーンに安全装置（過負荷防止装置）を取り付けた時に補助金の対象になります。車両価額ではなく安全装置に対して補助金が出ます。この安全装置（過負荷防止装置）に3つの条件があり、すべての条件をクリアしないと補助金の対象になりません。

条件の一つ目は、つり上げ荷重が3ｔ未満の積載形トラッククレーンに取り付ける過負荷防止装置であること。

二つ目は、過負荷となった場合に警報を発し、かつ、停止する機能を有するものであること。

三つ目は、日本クレーン協会の規格に準拠する安全装置（過負荷防止装置）であること。

ところが、二つ目の条件である「過負荷となった場合に警報を発し、かつ、停止する機能を有するものであること」ですが、得意先の社長によりますと、警報を発するのはいいですが、停止する機能をもつものは、使いものにならないということです。いちいち停止していたら、仕事にならないからでしょう。

思わず笑ってしまいました。確かに安全装置ですから「停止」しないと安全装置とは言えないと思いますが、仕事にならないと話になりませんね。

念のために、販売店の社長にも伺いましたが、「停止する機能をもつクレーン車」を注文される建設業者は皆無だということです。これで納得しました。建設現場で使いものにならないものを購入しても、建設業者は困るだけです。

得意先の社長は、リース車は停止機能があり、使いものにならないから購入に踏み切ったとおっしゃっていました。確かに安全は確保しなければならないと思いますが、建設現場で充分に機能しないなら意味がないとも言えます。

実に面白い補助金制度があるものだと思いました。大半の建設業者が購入しない「停止する機能を有する安全装置」に補助金をつけていることになります。少し矛盾を感じました。

様々な補助金制度がありますが、上手な利用方法を構築していけば、会社の資金繰りを良くしたり、新規事業につながるヒントを得て、間接的にお金が貯まる経営につながる面があります。また、補助金制度をよく検討すれば、付加価値の高い仕事にシフトしていく一面もあります。いずれにせよ、補助金制度は諸刃の剣というところでしょうか。補助金ばかり当てにする経営も考えものですが、工夫次第では効果を期待できる面があります。

3. 小さな大企業

現金商売の良い例です。見事と言えるほど現金商売を徹底されています。

「キャッシュフローという難しい言葉で言ってるけど、早い話、直ぐに使えるお金がナンボあるか。ということですやら、先生ぇ」

「そのとおりです。いつでもどこでも、今すぐ使えるお金のことです」

建築専業である得意先のE社長がおっしゃった言葉です。無借金経営を30年以上も続けてこられた会社です。社歴は40年。従業員は三人。ええかっこを絶対しない。20年前は女性の事務員さんもいません。従業員が1人でした。

「何も横文字を使わなくても、しっかりとお金の勘定をして、大事に使っていれば、自然とお金は残ってきます。いっぺんには貯まりまへんけど。お金を大切にしています」

「あのバブルの時も下請をしませんでした。ゼネコンの仕事をいっぱい紹介してくれる先輩や友人がいましたが、全部ことわりました。なんでかというと、支払いが手形というから、きっぱり断りました」

手形の商売も一切やらない。相手の支払いが手形なら仕事を断る。下請仕事も一切しない。信念の社長です。なかなか信念を貫き通せるものではありません。一時的に真似が出来ても、30年以上続けられません。立派の一言です。

協力会社への支払いは現金払い。支払が先行する建築業界ですが、何千万円の立替でも可能です。協力会社さんも、優先的に動いてくれるそうです。

相乗効果で、無駄もなくなり、仕事も早い。目に見えない時間的な問題やお金の節約になっているそうです。だから、次から次へ善回転して、無借金経営が、余計に潤沢な資金を廻せるようになります。借金体質の会社と、上・下で大きく違います。

やっぱり、シンプルで、無駄なことは一切しない。いつもニコニコ現金払いが、良い仕事をもたらしてくれる見本みたいな会社です。

4. 高性能ドローンを購入されたA社長

あまり事例がないドローン購入のお話です。

土木工事を専門とされるA社長は、付加価値を高めるために高性能ドローンを購入されました。驚きの一言に尽きます。A社長は超こだわり人間ですから、何千万円もかけて先行投資をされたと思いますが、おそらく、高性能のドローンを所有している会社は、測量専門会社以外は、皆無に近いのではないでしょうか。大手でも専門業者に外注されるぐらいですから、A社長のこだわりは半端ではありません。

なぜ、高性能のドローンを購入されたのか、尋ねてみました。

A社長いわく、「高年齢者のアナログ思考と若い世代のデジタル思考を融合させるためです。その暁には、建設業界の雇用促進に寄与します」。

「よく分かりません。私に分かるように話してください」。

「団塊世代を中心とする高年齢者は、建設現場で鍛え上げた経験が豊富であり、現場をよく熟知されています。つまり、デジタル思考よりもアナログ思考が勝っています。多くの方はPC操作などは苦手ですが、現場仕事は頭と体の中に刻み込まれています。反対に、若い世代の人は子どもの時からPCなどは使い慣れています。つまり、デジタル思考が勝っていますが、現場経験が少ないので、熟練者ほど現場のことは理解していません」。

「そこで、高年齢者に苦手なPC操作を覚えていただきます。苦手意識を払拭し、デジタル思考を加算できるように指導します。そうすれば、ドローン操作が出来るようになります。その結果、現場を熟知された方のドローン操作は、若い世代の人よりも威力を発揮します。ただ、高年齢者は体力が落ちてきていますので、現場仕事に無理がでない範囲で働いていただき、あとは事務仕事で活躍していただきます。そうすれば、雇用の維持といいますか、75歳までなら充分に活躍できます。会社にとっても、有用な人材になります」。

「若い世代の人は、ドローン操作は高齢者より早く操作出来るようになると思います。しかし、現場経験の未熟さから、現場で展開される様々な事柄に関して、まだまだ高齢者から指導が必要とします。そこで高齢者の出番になり、高齢者の立ち位置も保たれ、ここで両者の融合が始まり、相乗効果で良い建設現場に発展していきます。若い世代は、体力を活かしてアナログ思考に変身を図ることも可能になります」。

「ポイントは、高齢者のＰＣ苦手意識の払拭と、若い世代のアナログ思考の養成です。これが雇用促進に寄与します」

「なるほど。さすがA社長ですね」

A社長は、ここまで考え抜いてドローンを購入されたわけです。こういう発想はなかなか出来ません。智慧の経営を実践され続けている数少ない経営者です。積算名人もさることながら、素晴らしいの一言です。もちろん、A社長はアナログ思考とデジタル思考の両刀使いです。お金儲けの名人でもあります。

ドローンの活躍場所が増えれば増えるほど、利益効率はアップしていきます。今後の事業展開が楽しみです。期待しております。

5．お金が貯まる倉庫

環境整備を徹底すれば、お金が貯まるF建設会社のお話です。

一万円札をドブに捨てる者はいませんが、建設会社ではこれに近いことが日常茶飯事のように起きています。

F倉庫では、材料や小道具が至るところに散在しています。大工道具の山、ペンキやハケなど、数え上げればきりがありません。小さな部品などの置場もバラバラで収集がつきません。奥の方に置いてある品物が分からない。必要なものをすぐに取り出すにも時間がかかります。見た目にも汚く、薄暗くてスムースに動くことができませんでした。

連休を返上して、社長以下従業員が一丸となって掃除を始めました。ネーム版を作ってすぐに分かるように区別しました。仕切りや棚板で取りやすくしたり、動きやすい空間を設けました。ガラスや床、壁を徹底的に磨きあげ、照明の数も増やしました。生れ変った倉庫を見て、みんなが感動しました。

型番が古くなって使えなくなった製品。同じ小道具を二重三重に買っています。かなり高価な器具や資材もそのまま。多くの無駄が目の前で確認されました。きっちりと計算したわけではないが、何と原価で８００万円程度の数字がはじき出されました。倉庫係を雇い入れても充分に採算がとれます。それ以上に営業や現場サイドへの牽制になり、得するお金は８００万円以上の価値を生み出します。

掃除と整理整頓が徹底していません。つまり、環境整備が末端まで浸透していない会社の姿です。環境整備の基本が掃除と整理整頓。みんな知っています。分かっています。誰も目を向けようとしません。行動に移そうとしません。いつかいつかがこの始末です。

会社を発展させる要素や原理原則はたくさんありますが、案外、環境整備を核において徹底させている会社は少ないと思います。筋のとおった徹底ぶりは、お金をもたらします。

環境整備にお金はかかりません。むしろお金が貯まります。その会社は今もピカピカの倉庫と事務所で仕事をしています。

6. お金と人間の器

人間の器が、お金を活かし増やしていくお話です。

例えば、宝くじに当たり、1億円を手にしたとします。あなたなら、その1億円をどのように遣いますか。住宅ローンの返済にあてますか。家を買いますか。世界一周旅行をしますか。大好きな趣味に活かしますか。1円も遣わず1億円を貯金しますか。あるいは、家族のみんなに分配しますか。愛する女性にあげますか。ユニセフに寄付しますが。新しい事業の元手にしますか。株式に投資されますか。お金の遣い方は、人それぞれでしょう。

1億円の宝くじを当てた方が、数年のうちに遣い果たし無一文になってしまうようなことを、よく耳にします。おそらく、その方は1億円の遣い道が分からず、1億円というお金を受け止めるだけの器がなかったのでしょう。その方に、1億円を受け止める大きな器があれば、お金も喜んでくれて、多くの方を幸せにできたと思います。

はやり、お金が先にあるのではなく、人間として大きな器つくりが先にくると考えます。宝くじで当てたお金は、いわばあぶく銭です。器のない方は、所詮、大きなお金を一時的に持ったとしても、お金の正しい遣い方が分からないので、持ち崩してしまうのでしょう。

1億円の器のある人ならば、おそらく1億円の生きた遣い道をされると思います。それは、その1億円を2億円にも3億円にも増やしていかれる方ではないでしょうか。もちろん、お金を増やすだけでなく、その増やしたお金で、多くの方を幸せにされるでしょう。そのような遣い方が、お金を受け止める器の大きさだと考えます。

世界には大富豪と呼ばれる方が、世界人口の1割程度いらっしゃいますが、お金だけでなく、健康にも恵まれ、夫婦仲もよく、親子関係も良好で、もちろん、ビジネスも順調な大富豪となると、その1割の30％程度らしいです。お金だけが大富豪の定義ではないということですね。大富豪でも、家庭不和の方、健康に恵まれず病気の方もいらっしゃいます。大富豪の定義としては、健康も家庭も仕事もお金も大富豪であってほしいものです。

偉そうに書いている私は、今のところ大富豪に縁のない人間ですが、お金に困ったことはありません。それは、いつもお金に「ありがとう」と感謝しているからだと思っています。

話は変わりますが、経営の神様と言われた松下幸之助さんの「ダム経営」は、大富豪と一致する経営の要諦だと改めて感じています。お金のダム、人材のダム、信用のダム、人格のダムをダムのように大きくしていくこと。つまり、大きな器つくりが、30％の大富豪になる秘訣ではないでしょうか。

7. お金にお礼を言える人は、お金に困らない人

お金儲けは善いことです。けっして、悪いことではありません。お金を持ったらロクなことがないとよく言います。そんなことはありません。

お金自体は、善でも悪でもありません。そのお金を遣う人によって、善にもなり悪にもなります。だから、お金を儲けることは、神様からのご褒美なのです。だから、どんどん働いて、どんどんお金儲けをなさってください。

一生懸命に働いた、仏様から与えられた真心なのです。神様がくださったアイデアです。大事な真心とアイデアだから、善いことに遣うことが求められています。悪いことに使うから、お金に失敗するのです。

お金が悪いんじゃありません。悪いことに遣う人間が悪いのです。善いことに活かす方のところには、それ以上にお金が集まります。お金だって、持ち主を選ぶ権利があります。

お金を大事する方にお金が集まります。お金を愛する方のところにお金が集まります。だから、しっかりとお金を大切に扱わなければなりません。お金にきちんと礼を尽くさないと、お金が入ってきません。だから、お札はグチャグチャにしてはいけません。ちゃんと揃えてあげてください。顔の向

きも揃えてあげてください。お金にいつも感謝している方のところには、お金が集まりますよ。

お金は、「この人は本当に私のことを大切にしてくれているんだ」と思える人のところに流れていきます。お金を愛することが、お金持ちになる条件です。お金がなくなるまで洋服を買う人がいますが、その人は洋服を愛していて、お金を愛していません。お金もないのにローンを組んで車を買う人がいますが、その人は車を愛していて、お金を愛していません。

お金そのものに力はありません。それを善いことのために活かす智慧を持ったときに、力になります。また、お金そのものに苦しみもありません。お金のことで苦しむことがあるとしたら、必要以上のお金を求め出したときでしょう。それから、必要なお金がないときでしょう。

お金をどうやって活かすかで決まります。その智慧を持ったときに、お金が力を発揮してくれます。だから、お金さんと仲良しになってください。

ところで「ありがとう」は、神さまに届く言葉らしいです。

小林正観氏の「人生が全部うまくいく『ありがとう』の不思議な力（三笠書房）」に書かれていました。日本語の「ありがとう」は、元々、ありえないことが起きたときに、神様を褒め称え、賞賛する言葉として使われていたそうです。人間に対して使われるようになったのは、室町時代以降のこと。つまり、「ありがとう」は、口にした瞬間に神様が聞いてくださり、ちゃんと神様に届いているんです。

だから、お金さんに「ありがとう」と言える方は素晴らしい。そういう方は、お金に困らない方だと思います。

8. お金は後からついてくる考え方

よく「お金は後からついてくる」と言われます。名経営者の書籍を読みますと、よく出てくる言葉です。お金にしても、地位や名誉にしても考え方は同じだと思っています。後からついてくるのではないでしょうか。

例えば、「出世したい」などと思わなくても、きちんとした仕事をしていれば、周りが認めてくれて、自然に地位が上がっていきます。また、「お金は欲しい」と思わなくても、よい仕事、すなわち高い付加価値を生む仕事をしていれば、会社の収入が増え、給料も自然に上がっていきます。そのように、自分を取り巻く環境が変わっていきます。

不思議なことですが、本当に、そのとおりの結果になります。自分から求める必要はなく、結果として与えられます。

いずれにせよ、その人にふさわしいものが引き寄せられてきます。「何がふさわしいか」ということは、自分ではなかなか分からないものですが、周りの人や世間の人には分かります。

会社で言えば、「会社の規模がどこまで大きくなるか」ということは、世間の評価によって決まります。その会社の仕事を世間が総合的に評価し、「この会社は、この程度まで発展しても構わない」という結論が出てきます。世間が「もっと発展してほしい」と思う会社には、数多くの顧客が付いてきて、その会社は、さらに大きくなっていきます。そういうものです。世間というものは、短期的に間違うことはあっても、大きな目で見て、長期的に間違うことは、ほとんどありません。

したがって、求めなくても、ふさわしい立場が与えられます。

もし、分不相応に、収入が多すぎたり、地位が高すぎたり、名誉がありすぎた場合には、やはり、どこかで「調整の原理」が働き、その人に反省を求めるような結果が現れてきます。

例えば、一時的にお金持ちになったとしても、そのお金を何かですってしまうようなことが起きます。投資に失敗したり、何らかの環境変動によって、今まで儲かっていたものが駄目になったりして、淘汰されてしまいます。

たまたま追い風が吹き、何をやっても成功するようなときには、うまくいったとしても、そうでないときには駄目になるわけです。

しかし、本当に社会から認められ、必要とされるものであれば、景気の変動を乗り越え、生き延びていけます。常に、「世の中に必要なものは何か」を考え、お客様を大事に考えているところは、どんなときにも伸び続けます。

会社のなかで出世する方法も同じであり、基本的に、自分の出世のことを考える必要はありません。常に、「会社の発展」と、「会社を通じて仕事をした結果、お客様や、その会社と接する人たちに、どれだけ喜んでもらい、幸福になってもらえるか」ということを念頭に置いて仕事をしていれば、自然に地位も収入も与えられるようになります。

人間は、どうしても自己中心的になりやすいので、気をつけなければいけません。自己中心的になると、盲目になってしまい、物事が分からなくなります。

やはり、日々、誠実に努力していれば、その方に相応しい形で、お金は後からついてきます。

9．俺はついている、俺は運のよい男だ

得意先のK社長のお話です。

K社長さんには、30年以上もお世話になっていますので、彼の性格を多少なりとも知っているつもりです。会うたびにおっしゃる言葉は、「俺はついている。俺は運のよい男だ」と。

悪いことや嫌なことがあっても、「いやぁ、俺はついている。俺は運のよい男だ」と、おっしゃいます。悪いことが起こった時に「俺はついている。俺は運のよい男だ」と、なかなか言えるものではありません。おそらく、K社長に降りかかった悪い出来事でも、良い方に考え、「俺はついている。俺は運のよい男だ」と言えるのだと思います。大したものです。

ある時、K社長に尋ねました。

「どうして、いつも俺はついている。俺は運のよい男だと言われるのですか」

「いつも運がよいと思っていると、何が起こっても驚かないし、自分に与えられた試練だと受け止めて、俺はついている、俺は運のよい男だと口くせのようにしています」

「素晴らしいですね。私も見習います」

「とんでもありません。30年前に初めて先生にお会いした時に、潜在意識の話を2時間以上も私にしてくださったのは先生ですよ」

「そうでしたか」。言った本人は、全く覚えていません。

「直接、運のいい話ではありませんでしたが、その潜在意識の話を聴いてから、何でもいいように思うことにしたのです。悪いことがあっても、いい方向にもっていこうと決心したわけです。マイナス的な想いが出てきた時は、いつもそれを打ち消して、明るいことばかりを考えるように努力しました。

しかし、邪魔くさいことが嫌いな自分は、もっと簡単に良いことを思うことができないかと、私なりに夜も寝ずに昼寝して考えた末、俺はついている、俺は運のよい男だとなったわけですよ」

「それにしても、よい言葉ですね。俺はついている、俺は運のよい男だ。私も今日から真似しても良いですか」

「その変わり言っておきますが、私のせいで先生に悪いことが起きても、私の責任じゃありませんからね。その時にも、俺はついている、俺は運のよい男だと言いますし、先生も同じように言ってくださいい。それを約束してくださるなら、どんどん使ってくださいい」

私は一瞬、K社長の顔を伺うようにして、笑いながら答えました。

「俺はついている、俺は運のよい男だ」

K社長も笑いながら言いました。

「俺はついている、俺は運のよい男だ」

二人して大笑いしながら、合唱しました。

「俺はついている、俺は運のよい男だ」

10. 勉強に使うお金は、やがてお金を生む

お金持ちの共通点として、自分の勉強のために、真っ先にお金を遣われています。勉強といっても、学校のような勉強ではなく、事業を発展させるような勉強が多いです。

自動車はガソリンなしでは動きません。携帯電話も充電しないと使えません。人間も同じだと思います。人間の充電は、本を読んで知識を増やしたり、セミナーに参加して経営に役立てたりします。中には何百万円もするセミナーに惜しみなくお金を遣う方もいらっしゃいます。こういう方にお金持ちが多いのも事実です。

得意先のA社長も、ご自分を向上させるものや、経営されている会社が発展させるものには、惜しみなくお金を遣われます。従業員の資格取得や研修会の参加費用も奨励されていて、みごとなほど、福利厚生にお金を遣われます。

これらはみな、車のガソリンみたいなもので、会社の繁栄にもつながりますし、従業員ご本人の向上にもつながります。たとえ、その方がその会社を辞められても、どこかで必ず役立ち、その喜びと感謝の心は、巡り巡って、その会社に戻ってきます。不思議ですが、善の循環です。

どこに一番、お金をかけるか。よき経営者は心得ていらっしゃいます。また、お金持ちの共通点だ

と考えます。個人的な話で恐縮ですが、私も本の虫で、本に費やすお金は尋常ではありません。但し、今のところ、お金持ちではありませんが、近い将来に必ずお金持ちになれると確信しています。どの程度のお金持ちか分かりませんが、自分の努力に比例した形で、自分に相応しいお金持ちになると思っています。

A社長の話に戻りますが、A社長の素晴らしいところは、自分より若い方や、幼い小学生からも積極的に学ばれます。自分より偉い人や尊敬する人からは学びやすいですが、A社長のような方は少ないと思います。このような経営者に共通していることは、会社の業績もすこぶる良いということです。行政書士を開業して40年を越えましたが、どのような方にも耳を傾けられる社長の会社は、順調に繁栄発展しています。もちろん、社長もお金持ちの方が多いです。

セミナーや書籍からの知識だけではなく、どのような方からも学ばれる方は、誰かの口を通じて、その方が求められている答えがもらえるのでしょうね。まこと不思議ですが、多くの得意先の社長を見るにつけ、そのように思います。

一番大事なところに、惜しみなくお金を遣う。それは、ご自分を向上させるもの、会社の繁栄発展につながるもの、健康な体になるもの、家族の幸せになるもの。まだまだ他にもあると思いますが、非常に大切なことではないでしょうか。これがお金に愛される一つであり、やがては、違った形でお金が生むと考えます。巡り巡って、その方のところにお金が何倍にもなって戻ってくるでしょう。

11. 人の悪口を言う人は、お金に愛されない人

誰でも人の悪口を言いたくなることがあります。しかし、「人を呪わば穴二つ」という諺があるように、人の悪口を言うことは、相手の人にも想念として伝わり、自分自身の潜在意識にも悪口を言っていることになります。なぜなら、潜在意識は主語を認識しないから、人の悪口を発した瞬間に、その相手と自分自身に悪口を言っていることになり、まさに「人を呪わば穴二つ」です。

人の悪口は、想像以上に根深いものがあります。

人の悪口がすぐに口からでてくる人は、心の奥深いところに憎しみや恨み、妬みといったネガティブなものを持っています。歪んだ心の想いです。人の悪口以外にも、グチをこぼす人、感謝の気持ちがない自己中心的な人も、神様、仏様が最もいやがる心の想いです。これらの悪想念は、時には恐ろしいほどの力をもって、襲いかかってくることもあります。こうした人は、幸せな人生や成功者の仲間入りになることは絶対にありません。

過去の自分を振り返っても、人の悪口や人を裁いていた時期が多くありました。30歳頃に潜在意識

に出会い、できるだけ人の悪口を言わず、良いところを見るようにしました。また、ネガティブな想いを出さないようにも努力しました。しかし、すぐに忘れてしまい、不平不満やグチが出ます。相変わらず、人の悪口も言ってました。そこで、潜在意識の勉強を本格的に始めるようになった時から、これらのマイナス的な想いは徐々に消えていき、出そうになった時は、すぐに打ち消すようになりました。

得意先の良き社長さんにも教えていただきながら、明るいプラス思考に変身できるようになってきました。現在は、多くの良き得意先に恵まれていますが、開業当初から10年ぐらいの得意先の中には、悪魔のような社長さんもいらっしゃいました。これは、自分自身の中に同じようなものを持っていたから、そういう人を呼び込んでいたのです。こうなったのも自分自身の責任で、誰にも文句は言えませんが、正しい真理を知るようになってからは、良き得意先に恵まれるようになってきました。

類は類を呼ぶと言いますが、どんな時も明るく何事にも前向きに対処していけば、同じような明るい前向きな人と出会うことができます。幸せな成功の道を歩まれている人や幸せなお金持ちにも出会えることは、間違いありません。自分自身が経験してきたことですから、自信を持って、お勧めできます。

お金持ちになることも、成功していくことも、健康を維持していくことも、夫婦仲良く家庭円満の秘訣も、すべては、その人から発する心の想いで変わってきます。良きオーラは目に見えませんが、良きオーラを持っている方にとっては、肌で感じるように分かるのですね。

人の悪口は、己自身にも降りかかり、決して、相手も自分自身も幸せになることはありません。人の良いことをどんどん言っていきましょう。

12. 結婚の条件は「お客様を大切にする妻である」こと

お金を貯めていくには、配偶者の問題も大切な要素であると思います。

「飲む打つ買う」の夫を持った妻は最悪であり、貯蓄どころではありません。また、派手好きな女性と結婚すれば、亭主がいくら稼いでも、お金は残りません。

やはり、財産の大小にかかわらず、家庭というものは、夫婦の精神が同じでなければ決して栄えていくものではないと考えます。特にお金に関しては、同じような考え方を共有していないと、スムーズに運びません。

旧安田財閥の創業者である安田善治郎氏の「富の活動」という書籍に、面白い話が書かれています。彼が19歳で富山から江戸に来て、丁稚奉公の末、日本橋の人形町通りに小さな店を開きました。商売も順調に繁盛し、ある人から結婚の話が持ち上がりました。

彼は、これまで千両の金持ちになろうと決心し商売をしてきたので、妻をもらうには自分と同じ精神の女性でないと、自分の目的を達成することができないと考えていました。そこで、結婚を勧めてくれた人に三つの条件を出しました。

第一は「お客様を大切にすること」でした。商売はお客様次第ですから、お客様が来てくれなければ繁盛しません。自分が留守中にお客様があったときに、粗末に取り扱うというようなことがあっては、福の神を逃してしまうことになり、そんな女性なら来てもらわない方が良いと考えました。

第二は「これからは夫婦共稼ぎになるから、一生懸命に働いてくれる女性」でなければ困るということでした。第三は「当分木綿服しか着ないこと」です。

こういう三つの条件を持ち出して、妻に迎えたそうです。

彼は妻を選ぶ時にも、商売や立身出世の妨げになるような選択をしなかったということです。やはり、大富豪になる人の考え方は違いますね。確かに、夫婦はそれぞれ異なった環境で育ち、考え方も違えば、性格も異なります。だからこそ、お互いの考え方を理解し合うことも重要なことです。しかし、夫婦として向かうべき未来に対しては、同じような考え方を共有していないと、財を成すにも難しいところがあります。

私と言えば、明るい性格と笑顔が好きで結婚しましたが、結果的には、良き妻をもらったと思っています。私事で恐縮ですが、41歳の厄年の時に、運送業許可の仕事で大失敗をして損害賠償金一千万円近く払いました。その時に、妻がポンと出してくれました。

安田氏の話に戻りますが、彼は「勤勉」と「倹約」を守り、冗費《じょうひ》を節約し、贅沢を慎み、財を蓄えることは、人としてぜひ行うべきところであり、それを信じると言いきります。特に、収入の二割を貯蓄することを堅く守るという、自分の立てた主義は、他人が何と評価しようが、いかなる誘惑が起ころうが、一歩も曲げたことはありませんとも書いています。

性格の異なる夫婦間で共有すべき考え方は、上記のような精神を貫くことではないでしょうか。また、一家でも同じような精神を養うことも大事だと思います。

13. 克己心の継続こそ、お金が貯まる経営です

貯金をしても利息は無に等しい時代が長く続いています。そこで、貯金よりも多少金利の良い国債や投資信託を利用して財産を増やそうとする人もいます。あるいは、株式投資や不動産投資をされる人もいます。また、元手資金がなくても前向きな良い借金をされて、安全な現物投資で、金利以上の

利回りを計算された投資方法もあります。お金を増やす方法論は様々です。

いずれにせよ、これらの元手になる資金がなければ、投資信託や不動産投資は出来ません。その元手を生み出すために、やはり、勤勉と倹約が大事とされる所以です。諺に「ちりも積もれば山となる」「谷川の水も終《つい》に大海となる」とあります。これは、勤勉と倹約の精神を貫き通し継続していけば、やがて貯蓄は大きく膨らんでいくという意味でしょう。また、元手がなくても良い借金で運用していく上でも、やはり、勤勉と倹約の精神を貫いていかなければ、長く継続していくことはできないしょう。

いかに時代が変わろうが今も昔も、勤勉と倹約がお金を貯めるための根本精神と言えます。勤勉とは、創意工夫等の智慧も必要ですが、正直に一生懸命に働くという意味でしょう。倹約とは、無駄遣いや衝動買いを慎んで、収入の一定額を貯金することでしょう。自営者でもサラリーマンでも、全く同じことが言えます。

例えば、一月分の収支結果、残るお金が千円でも二千円でも、決して失望することはありません。一年間でわずか一万二千円ですが、ここが踏ん張りどころです。金額は僅少でも、この精神がやがて大きな蓄財を成していきます。この克己心こそがお金を貯めていく最大の力を発揮します。金額の大小に関わらず、ここで鍛え上げた克己心は、世間の信用を生み、自分自身の安心感が膨らみます。勤勉と倹約の重要なポイントがここにあります。

換言すれば、最初は無形に近い財産かも知れませんが、克己心を貫いていくことで、やがて世間の信用が膨らんでいき、成功者への道を歩んでいると思います。真の成功者は、この勤勉と倹約の克己心がなせる業だと思います。一攫千金を望む人に真の成功者は一人もいません。

第3章

ダム経営は最高の経審アップ方法

この章では、公共工事に関係する経審（けいしん）アップ対策のお話です。建設工事の場合は、この経審を受けないと公共工事に参画できません。

この経審アップ対策を独自の視点から綴っています。特に経営分析を中心に、ダム経営の実践がもたらす効果を力説しています。

経審で求められる経営分析の指標は8つあり、どの指標もダム経営と密接に関連しています。特に14番目の「経営分析（Y点）のアップ対策3（利益と納税についての考え方）」を熟読ください。私が一番言いたいことです。

8つの指標を突き詰めますと、たった4つに収斂されます。1つ目は「金利を減らすこと（借金を減らすこと）」、2つ目は「粗利益を増やし、確実に経常利益を上げること」、3つ目は「自己資金を増

やすこと」、４つ目は「総資産のスリム化をすること」です。

この４つを本気になって実践すれば、自然とダム経営になり、自ずから経審（Ｐ点）や経営分析（Ｙ点）は必ずアップいたします。

たった４つの経営改善です。実にシンプルです。さぁ、実践あるのみです。

１．ダム経営を信じ実践された、たった一人の経営者

松下幸之助さんが、大阪商工会議所で講演された時のお話です。

４００人の前で、ダムのようにお金を貯めること、ダムのように人材を育成すること、ダムのように信用を形成していくこと、そして、ダムのように人格を向上させていくことの大切さを話されました。お金のダム、人材のダム、信用のダム、人格のダムです。

松下さんのお話が終わり、質疑応答に入り、一人の方が質問されました。

「どうしたら、ダム経営をすることができますか？」

「そりゃ、心の中で想うことですわ。まず想わないと実現しまへん」

会場から笑いが響きました。経営の神様と言われる方が、この程度の回答しかできないのかと言う会場の雰囲気です。

しかし、たった一人、その話を真剣に捉えた方がいらっしゃいました。京セラの創業者である稲森和夫さんです。その当時は、まだ京セラの初動期だったのですが、「まず、想うこと」の意味を深くかみしめ、他の399人の方と違う捉え方をされたのでしょうね。その後、京セラは、みなさんもご存じのとおり、ダム経営をみごと実践された優良企業です。

京セラのホームページには、「心をベースに経営する。京セラは、資金も信用も実績もない小さな町工場から出発しました。頼れるものは、なけなしの技術と信じあえる仲間だけでした。会社の発展のために一人ひとりが精一杯努力する、経営者も命をかけてみんなの信頼にこたえる、働く仲間のそのような心を信じ、私利私欲のためではない、社員のみんなが本当にこの会社で働いてよかったと思う、すばらしい会社でありたいと考えてやってきたのが京セラの経営です。人の心はうつろいやすく変わりやすいものといわれますが、また同時にこれほど強固なものもないのです。その強い心のつながりをベースにしてきた経営、ここに京セラの原点があります」と書かれています。

繰り返しますが、「人の心はうつろいやすく変わりやすいものといわれますが、また同時にこれほど強固なものもないのです。その強い心のつながりをベースにしてきた経営、ここに京セラの原点があります」。

人の心は強固なもの。この言葉は、松下さんの言われた「心の中で想うことですわ。まず想わないと実現しまへん」と相通ずるところがあります。稲盛さんは、見事に潜在意識を開花させた方だと、個人的に想っています。もちろん、稲盛さんはじめ全従業員が一丸となって、血のにじむような努力があったからこそ、京セラの繁栄発展があったと想いますが、想いの力を信念までに昇華されたのではないでしょうか。

「想うだけでダム経営ができるなら、誰も苦労しない」と捉えた方は、松下さんの想いが伝わらなかったのでしょうね。

2. 経審（けいしん）は建設業者の通信簿

ここでは、具体的な経審（けいしん）のお話です。

建設会社が公共工事に参画したい場合には、それぞれの官公庁に入札参加申請することで可能になります。その前提として、都道府県や地方整備局で「経営事項審査」を受けなければなりません。現在の呼名は「経営規模等評価」です。業界用語で、「経審（けいしん）」と言っています。

経審の結果通知書は、インターネット上で公開されています。評価方法は、経営内容から1級建築士などの技術者数まで、ほぼ会社の全容を知ることができます。誰でも簡単に経審の結果通知書の情報を得ることができますので、建設業者にとっては、重要な会社の情報をいつでも見られていることになります。

利用者にとっては、業績の良い会社か悪い会社か、どの程度の売上（工事）をしているのか、営業年数は何年か、自己資本はいくらあるのか、建設業者をチェックする情報源となります。

施主が良い工務店や造園業者を探すときにも、元請会社が協力会社を選別する時にも利用されています。反対に、協力会社が元請会社の調査をする時にも利用できるわけです。金融機関でも、経審（けいしん）の結果通知書を参考にされています。役所の仕事はしないが、社会的信用のために「経営事項審査」を受ける建設会社もあります。

このように経審の結果通知書は、建設業者の通信簿であり、重要な書類の一つです。そこで「結果通知書」に何が載っているのか簡単にまとめてみました。

(1) 建設業者の通信簿（何を見るか）

大きく5つの区分で評価していき、総合評定値（P点）が計算されます。

①経営規模（X１）→完成工事高（２年か３年の年間平均でみます）
②経営規模（X２）→自己資本額と職員数
③技術力（Z）→技術職員数（１級・２級などの資格者）
④経営状況分析（Y）→決算書の分析値（８つの指標があります）
⑤社会性の評価（W）→労働福祉の状況・工事の安全成績・営業年数など

総合評定値（P点）→①＋②＋③＋④＋⑤

右記の①経営規模（X１）から⑤社会性の評価（W）まで、各項目の評点を一定の計算式に基づいて算出されます。その評点にウェイトを掛けた値が各項目の点数になります。その合計点が「総合評定値＝P点」と表現され、総合評定値（P点）が建設業者の通信簿です。また、経営分析（Y点）もP点の中に含まれている点数ですが、Y点そのものは、決算書から導き出された経営分析値ですので、非常に参考になります。

(2) 各項目のウェイト

経審の各項目のウェイトは次のとおりです。経営規模（X1）と技術力（Z）が、それぞれ25%あります。次に経営分析（Y）の20%です。

① 経営規模（X1） ↓ 25%
② 経営規模（X2） ↓ 15%
③ 技術力（Z） ↓ 25%
④ 経営状況分析（Y） ↓ 20%
⑤ 社会性の評価（W） ↓ 15%

総合評定値（P点） 100%

(3) 総合評定値（P点）について

各区分ごとに一定の計算方法があって、各区分ごとに評点がでます。その各評点にウェイトの%を掛けた結果が各項目の点数になり、その合計額が総合評定値（P点）になります。

計算式は（P点＝X1×0・25＋X2×0・15＋Z×0・25＋Y×0・2＋W×0・15）です。

最高点が2，134点で、最低点が281点です。

P点の800点以上が、5段階評価の通信簿でいうと「4」になります。P点が1，000点を超えれば「5」でしょう。P点700点は「3」です。700点以下の会社は努力しましょう。

(4) 経営分析（Y点）について

経営分析（Y点）も非常に大事です。経審におけるY点のウェイトは20％ですので、Y点が800点あれば、P点換算で160点になります。Y点の評点だけで見れば、800点が5段階評価の通信簿でいうと「4」になり、財務内容が優秀な会社になってきます。

Y点が500点以下の会社は、かなり借金体質の会社になり、役所も銀行も敬遠しがちになります。

Y点の最高点が1，593点で、最低点が0点ですので、Y点は800点以上を目指します。

この経営分析（Y点）を中心に、分かりやすく説明していきます。

3．経営分析（Y点）アップは、寄与度の高い指標から

経審における経営分析とは、建設業者の経営状態を決算書から分析します。決算書の数字が経営分

析の評点に直結します。

経審の内容は大きく2つに分かれます。一つは経営規模等であり、売上高、技術力、社会性評価などです。もう一つは、この経営分析（Y点）です。

経営分析（Y点）をアップさせれば、他の同規模の建設業者よりもワンランク上の総合評定値（P点）を得ることが出来ます。なぜならば、建設業者の90％以上を占める中小建設業者で、経営規模の各評点には、さほど差がつきにくいからです。それに対して、経営分析（Y点）は1，000点程度の差が出て、P点換算で200点程度の差が出ることになります。経営分析（Y点）をアップさせることにより、公共工事が受注しやすくなるという直接的なメリットがあります。

建設業者の現状は、建設需要の減少により完成工事高の大幅な上昇は見込めません。また、人件費の問題もあり技術者の増員も昨今は困難な状況ですので、技術力（Z点）も多くは望めません。さらには、社会性等に関する評点も殆ど満点に近い状態です。その時に、経営分析（Y点）、つまり決算書の内容が、そのまま綜合評定値（P点）の差につながります。

このように、Y点をアップするような対策をすれば、P点に好ましい影響を与えます。

次に、経営状況分析の各指標について説明していきます。

経営状況分析は8つの指標で評価されます。括弧書きの%は「寄与度」を表しています。この寄与度がY点の要と言っても過言ではありません。寄与度の高低さにより、Y点が大きく変化します。重要な論点です。

(1) 負債抵抗力指標

①純支払利息比率（29・9%）
②負債回転期間（11・4%）

(2) 収益性・効率性指標

③総資本売上総利益率（21・4%）
④売上高経常利益率（5・7%）

(3) 財務健全指標

⑤自己資本対固定資産比率（6・8%）
⑥自己資本比率（14・6%）

(4) 絶対的力量指標

⑦営業キャッシュフロー（絶対額）（5・7%）
⑧利益剰余金（絶対額）（4・4%）

8つの指標を寄与度の高い順番に並べ変えます。すると、寄与度の高い指標が明確になり、対策が立てやすくなります。

第1位　純支払利息比率（29・9%）
第2位　総資本売上総利益率（21・4%）
第3位　自己資本比率（14・6%）
第4位　負債回転期間（11・4%）
第5位　自己資本対固定資産比率（6・8%）
第6位　売上高経常利益率（5・7%）
第7位　営業キャッシュフロー（絶対額）（5・7%）
第8位　利益剰余金（絶対額）（4・4%）

8つの指標の内、寄与度が高い指標に力をいれましょう。

1番目に高いのは、純支払利息比率で29・9%もあります。約3割です。つまり、無借金経営の会社なら満点がとれます。いかに無借金経営が大事かを表しています。

2番目に高いのは総資本売上総利益率です。21・4%あります。小さい資本で大きく稼ぐ会社は、満点に近づきます。つまり、粗利益率が高い建設工事を施工することに尽きます。

3番目に高いのは、自己資本比率で14・6%あります。借入金がなく100%自己資金なら満点です。

純支払利息比率の29・9%、総資本売上総利益率の21・4%及び自己資本比率の14・6%で、全体の65・9%を占めますので、自ずから対策が見えてきます。

Y点のアップ対策は、「理屈対策」「具体策」「利益と納税についての考え方」で、後ほど詳細に述べます。この3つの対策がとても重要になります。それでは、経営分析（Y点）の8つの指標について述べていきます。

4．売上高に対する実質金利は1％以内ですか（純支払利息比率）

売上高に対する実質金利は、会社経営にとって最も重要です。健全経営か、不健全経営かを教えてくれる信号機みたいな役割を果たしています。これが「純支払利息比率」です。寄与度が29・9％もあります。すごい指標です。経営分析の3割もこの指標で占めていますので、いかに重要な指標か分かります。

経営分析では8つの指標があり、その内の2つが「負債抵抗力指標」であり、その一つが「純支払利息比率」です。もう一つは「負債回転期間」です。この2つの指標で、寄与度が41・3％にもなります。「負債抵抗力」という表現ですが、「借金抵抗力」と言い換えると分かりやすいです。負債とは借金のことです。「借金に対する抵抗力」をみる指標です。

言うまでもなく、借金が少なく金利が少ない会社が良い点数になります。

（算式は）
純支払利息比率＝支払利息－受取利息配当金／売上高×100で計算します。

この指標は、一般に企業の健全性を示す指標です。

売上高に対して実質的な金利がどの程度あるかを表しています。当然に数値が小さいほど良い会社になり、この評点がアップします。やはり、無借金経営、ダム経営に尽きます。

この数値がマイナスになるのは、支払利息より受取利息や配当金のほうが多いことを表します。上限値がマイナス０・３％（最も良い）で、下限値が５・１％（最も悪い）です。

ここで、支払利息から受取利息配当金を控除しているのは、企業が負担する実質金利で判断するということです。簡単に言えば「実質金利比率」の指標です。

金利の多い会社では、年間売上高の５％も利息を払っていたら、もう倒産状態ですね。最低の下限値が５・１％ですから、年間５％の金利を払っていることになり、現行の金利水準が２・５％以下ですから、相当悪い状態になります。

いかに「純支払利息比率」が、重要な指標が分かり、会社の命運を握っています。とにもかくにも、まずは無借金経営の実践です。日々の実践行為として意識し、ダム経営を目指してください。５年後には、Y点はびっくりするぐらいアップしていきます。もちろんP点も自動的にアップし、財務体質の強い建設会社になります。建設業は余剰資金が命です。金利を減らすことに専念なさってください。

金利を減らすことは、借金を減らすことに尽きます。後ほど「アップ対策1（理屈対策）」で詳細を述べますが、この「実質金利比率」が、一番大事な指標になります。

5．小さな総資本で粗利益を大きく稼ぐ「総資本売上総利益率」

小さな総資本で粗（あら）利益を大きく稼ぐことが大事です。大きな総資本で粗利益を大きく稼ぐ大企業は別として、小零細企業は、小さな総資本で粗利益を大きく稼ぎます。粗利益とは、売上高から売上原価を差し引いた金額です。粗利益のことを経営分析では「売上総利益」という言葉で表現します。

この「売上総利益（粗利益）」を分子に「総資本」を分母にもってきて、百分率（％）で表した指標が「総資本売上総利益率」です。

この「総資本売上総利益率」は、小さな総資本で粗利益を大きく稼ぐことを判断する指標です。収益性・効率性指標の一つです。寄与度が21．4％もあります。いかに小さな総資本で粗利益を大きく稼ぐことの重要さが理解できます。2番目に寄与度が大きい指標です。

1番目の「純支払利息比率」の寄与度29．9％と、2番目の「総資本売上総利益率」の寄与度21．4％で合計51．3％になり、寄与度の半分以上を占めます。当然ですね。借入金がなくて、付加価値の高い工事で利益率を上げれば、経営分析の点数が大幅にアップします。したがって、この「総資本売上総利益率」も重要な経営指標の一つになります。

（算式は）
総資本売上総利益率＝売上総利益／総資本（2期平均）×100で計算します。

売上高は完成工事高＋兼業事業売上高であり、売上原価は完成工事原価＋兼業事業売上原価です。経営分析では兼業事業も含めた金額で、粗利益を計算します。

総資本とは総資産のことです。貸借対照表の総資産金額です。負債と純資産の合計額でもあります。全投下資本ともいえます。総資本の2期平均ですから、直前決算期と前期決算期の平均です。

当然にこの指標が高いほど収益性が良いことになります。経営分析では、総資本売上総利益率の上限値は63・6％で、下限値が6・5％です。

この指標の見方ですが、例えば、総資本1億円の会社が粗利益500万円を稼ぎますと、総資本売上総利益率は500万円÷10，000万円×100＝5％になります。ところが、総資本5千万円の会社が粗利益500万円を稼ぎますと、総資本売上総利益率は500万円÷5，000万円×100＝10％になります。

同じ500万円の粗利益でも、総資本5，000万円の会社の方が、優秀な会社になります。小さな総資本で粗利益を大きく稼ぐことが、この指標のポイントになります。

この指標をアップするには、総資本を減らすか、粗利益を増やすかの2つです。アップ対策に関しては、後ほど詳細に説明いたします。

6．他人の褌（ふんどし）で相撲をとっていませんか（自己資本比率）

まさに、他人の褌で相撲をとっている日本の企業にメスを入れる指標です。自己資本でなく、他人資本で経営している会社が多いのも事実です。

会社の財産状態の健全性を表しています。「財務健全性指標」として掲げられている二つ目の指標です。寄与度は14・6％もあり3番目に重要な指標です。

（算式は）
（自己資本／総資本）×１００で計算します。

この指標は、自己資本と総資本を比べて、自己資本が総資本の何％あるかを表しています。当然に高い％が財産状態が良い会社になります。上限値（最も良い）が68・5％で、下限値（最も悪い）がマイナス68・6％です。

自己資本とは、払い込んだ資本金と過去から現在まで稼いだ余剰金の合計です。簿記的に言えば、資本金＋別途積立金等＋繰越利益金のことです。

総資本とは、自己資本と他人資本（借入金など）を足した金額になります。

他人資本とは、借入金、支払手形、工事未払金などを言います。支払手形も工事未払金も借入金みたいなものです。自社のお金ではないので他人資本です。

計算式にすれば、総資本＝自己資本＋他人資本となります。

会社の貸借対照表は、総資本＝自己資本＋他人資本という形で表しています。上段が「総資本（総資産）」です。下段が「他人資本と自己資本（純資産）」です。

貸借対照表では、総資本のことを「総資産」と言います。他人資本のことを「負債」と言います。自己資本ことを「純資産」と言います。ゆえに、経営分析で自己資本と言えば、純資産のことを指します。簡単に左記のような感じです。

流動資産（現金預金など）	他人資本（負債）借入金など
固定資産（車両、工具など）	自己資本（純資産）
合計（総資産）又は（総資本）	合計（総資産）又は（総資本）

例えば、会社に現金預金が5千万円あり、他人から借りたお金が0円ならば、自己資本も5千万円になり、総資本＝自己資本ですから、最高の数値になります。自己資本比率は100％です。経営分析の上限値68・5％より高い％になります。これは理想の形ですが、一部の会社を除いて、借入金や工事未払金などの他人資本があるのが普通です。

後ほど述べますが、自己資本を増やす方法は、増資をすることです。また、ダム経営を貫くことです。

7．借入金が多すぎて、資金繰りを圧迫していませんか（負債回転期間）

「借入金が多すぎて、資金繰りを圧迫していませんか」というタイトルを付けましたが、まさに、負債回転期間は、資金繰りの健全性を判断する指標です。

負債回転期間は「負債抵抗力指標」の一つです。先ほども述べましたが「借金抵抗力」をみる指標です。もう一つは先に述べた「純支払利息比率」です。それぞれの寄与度は「純支払利息比率」が29.9％あり、負債回転期間は11.4％あります。この2つの指標で寄与度が41.3％にもなり、負債回転期間も重要な指標と捉えてください。4番目に高い寄与度です。

（算式は）
（流動負債＋固定負債）／売上高÷12＝負債回転期間（数値は小さいほど良い）

分子が（流動負債＋固定負債）となっていますので、負債合計額のことです。支払手形、未払金、借入金などの合計額で、他人資本のことです。分母は1ヶ月の売上高です。売上高は、完成工事高と兼業事業の売上高も含めます。

負債合計額を1ヶ月の売上高（月商）で割った値が、負債回転期間です。数値は小さいど良いです。例えば、負債合計額が5，000万円あり、月商が1，000万円としますと、負債回転期間は5ヶ月となります。もう一つ例をあげますと、負債合計額が6，000万円あり、月商が2，000万円としますと、負債回転期間は3ヶ月になります。左記のとおりです。

負債総額	月商	月数	判断
5，000万円	1，000万円	5ヶ月	回転期間が長い方が悪い
6，000万円	2，000万円	3ヶ月	回転期間が短い方が良い

回転期間が短い方が資金繰りが良いことになります。5ヶ月よりも3ヶ月で回転する方が、資金繰りが健全ということです。この負債回転期間は、資金繰りの健全性を判断します。

上限値（最も良い）が0・9ヶ月で、下限値が18ヶ月です。一般的には、3ヶ月以内が望ましい数値です。6ヶ月以上になりますと危険状態です。企業の負債（借入金など）が多すぎて、経営活動を圧迫していないかどうかを見るための指標です。平均月商に対する負債の量を表し、数値が小さい（回転期間が短い）ほど良い会社になります。

懸念事項の一つとして、昨今は金融機関等が積極的に融資を斡旋していますが、政府の方針が変わり、金融機関の「貸し渋り」が始まれば、資金繰りに困る会社が続出すると考えます。過去の興銀事件のように。そのためにも、無借金経営、ダム経営の実践を貫いてください。

8．機械や車両は、現金で購入する（自己資本対固定資産比率）

この指標は、財産状態の健全性を表しています。「財務健全性指標」として掲げられている一つ目の指標です。寄与度は６・８％で、５番目に高い指標です。

（算式は）
（自己資本／固定資産）×１００で計算します。

自己資本とは、資本金＋別途積立金等＋繰越利益金のことです。固定資産とは、土地建物、機械、車両等のことです。上限値が３５０・０％（最も良い）で、下限値がマイナス76・５％（最も悪い）です。

固定資産が、どれだけ自己資本で調達できているか判断します。自己資本が固定資産より多くあるのが理想です。自己資本が貧弱で、固定資産が膨らんでいれば、一番悪い数値になります。その反対に、自己資本が固定資産の３・５倍もあれば、最高の数値になります。

例えば、機械や車両をローン等で購入すると、資金が長期間にわたり拘束されてしまいます。しかし、自己資金で取得すると資金繰りを圧迫しないので、それができる会社は財政上の観点から健全といえます。

自己資本が固定資産の額を超えているほど健全性が高いことになります。反対に、自己資本が固定資産を下回っているほど、その会社が不健全であることが分かります。ゆえに、機械や車両を現金で購入できる会社になりましょう。やはり建設業は、余剰金が命です。ダム経営の実践に尽きます。

今の会社法では、資本金1円でも会社を設立できますが、建設業の許可を取得するには、1円の資本金では許可を得ることができません。許可要件の一つに「財産基礎」というシバリをかけています。一般建設業には、最低５００万円以上の財産基礎を求めています。元請工事が多い特定建設業には、最低4，000万円以上の自己資本が必要になってきます。このように、建設業は余剰金を持って経営する業種です。ゆえに、余剰金が命なのです。どの記事にも述べている「ダム経営」を、日々の実践行為として、潜在意識を味方にしてください。

経審や分析は、社会情勢の変化に対応して、その時代に求められている建設業の方向性に適合するように改正していく必要がありますが、余剰金の多い会社は、どんな改正があっても、不利に傾くことはありません。

建設業に関わらず、会社経営はいつの時代も自己資本の充実した会社が生き残り、多額の税金を払っています。経営とは、智慧と汗の結晶ですから、「今使えるお金」をどれだけ増やすかで勝負が決まります。余剰金を膨らますことが、この指標だけなく、経審全体に言えることですので、智慧の経営を推し進めていってください。

9．確実に経常利益をあげていますか（売上高経常利益率）

「収益性・効率性指標」には、先に述べた「総資本売上総利益率」があり、寄与度が21・4％もあります。この指標は、総資本の収益性を表しています。つまり、総資本でどれだけの粗利益を稼いだかを見る指標でした。

今回の売上高経常利益率は、「収益性・効率性指標」の二つ目になります。売上高経常利益率の寄与度は5・7%です。寄与度の高い順番から見ますと第6位になります。銀行さんが「経常（けいつね）」と言って、会社の経常利益を意識される指標の一つです。投資家も企業を判断する時に最も重視しています。会社の収益性を表す指標です。

（算式は）
経常利益／売上高×100＝売上高経常利益率です。

分子に経常利益とあります。

経常利益とは、簡単に、売上高（完成工事高）から、売上原価（工事原価）と販売費一般管理費と支払利息を引いた利益が「経常利益」です。

土地の売却損益などの臨時的な損益を除いた利益です。本来の営業活動から得た営業利益から主に支払利息を引いた利益とも言えます。

簡単に次のようになります。

売上高（完成工事高）	下請工事の出来高請求額は含みます。
売上原価（工事原価）	材料費、外注費、現場の人件費、工事の直接経費
（売上総利益）	粗利益とも言います。
販売費及び一般管理費	工事原価以外の費用
（営業利益）	本業で稼いだ利益のこと
支払利息	銀行の金利など
（経常利益）	これが経常利益です。

経常利益とは、本業と本業以外の経営活動によって得た利益ですから、企業の収益性を表す指標です。当然に、経常利益が高いほど優秀な会社になります。反対に経常利益がマイナスになるということは、支払利息（金利）が多く、借金体質の会社だと判断されます。会社規模や売上高に比し借入金が大きすぎ、バランスの取れていない会社になります。対外的にも良い評価を受けることはありませ

ん。

経常利益がマイナスの会社は、早急に改善策を実施しなければなりません。

10．今すぐ使えるお金がいくらありますか（営業キャッシュ・フロー）

いつでもどこでも、今すぐ使えるお金がいくらありますか。5，000万円ですか、1億円ですか。それとも10億円ですか。建設業は余剰金が命ですから、帳面上の利益と違い、現実に運転資金に廻せるお金がいくらあるかを計算するのが、営業キャッシュ・フローです。その金額の大きさで評点を決めます。当然に多いほど良いことになります。

キャッシュは現金。フローは流れ。現金の流れがキャシュ・フローです。現金創出能力、資金収支が健全であるかどうかを判断する指標です。キャッシュ・フローの前に「営業」が付いていますので、営業活動によるキャッシュ・フローを求めています。つまり、本業の建設業で稼いだ今すぐ使えるお金の話です。投資活動や財務活動から得たキャッシュ・フローではありません。

よく「勘定合って、銭足らず」という言葉がありますが、黒字決算であるのに資金繰りに詰まって倒産する会社があります。これをきちんと説明出来る表が、キャッシュ・フロー計算書です。利益が計上されていても、売掛債権が増大して、会社に入金がなく資金不足となって倒産する原因が、この計算書で明確になります。バブルが崩壊して、大手の建設業者や不動産業者が倒産した共通原因は、見せかけの売掛債権（回収不能の不良債権）が多額に計上されていて、利害関係人の判断を狂わせたことがあったからです。この反省から、バブル崩壊後にキャッシュ・フロー計算書が重視されるようになりました。

「絶対的力量指標」として掲げている1つ目の指標です。

（算式は）
営業キャッシュ・フロー（2期平均）／1億円＝営業キャッシュ・フロー（絶対額）です。

上限値15億円（最も良い）で、下限値マイナス10億円（最も悪い）です。寄与度は5．7％です。分母が1億円ですので、1億円が基準になります。最高が15億円です。営業キャッシュ・フローが15億円あれば最高です。いつでもどこでも今すぐ使えるお金が15億円あれば、営業キャッシュ・フローは満点です。

営業キャッシュ・フローのスタートは1億円です。借入金なしで1億円を貯めることは、並大抵の努力や工夫では成就できませんが、得意先のK社は、7年余りでそれを達成されました。K社のA社長は、いつも付加価値を高める努力を怠りません。また、無駄な経費を使わない少数精鋭主義を貫き通し、お人をとても大切にされる経営者です。

営業キャッシュ・フローの指標を意識をしなくても、いつでもどこでも、今使えるお金に困ったことがない会社です。

11. 智慧と汗の結晶で稼いだ会社の利益が利益剰余金です

利益剰余金とは、会社が智慧と汗の結晶で稼いだ利益から税金や配当などを支払った後の内部留保金です。創業から現在まで蓄積してきた利益の合計額です。当然に多いほど良いことになります。「絶対的力量指標」として掲げれている2つ目の指標です。1つ目は、営業キャッシュフローです。

まさに「絶対的力量指標」ですね。経営分析上の寄与度は第8位の4・4％と低いですが、視点を変えれば、会社経営にとって一番重要な指標かもしれません。なぜならば、経営者をはじめ全従業員が一丸となって努力されてきた「智慧と汗の結晶」だからです。

（算式は）

利益剰余金／１億円＝利益剰余金（絶対額）の指標です。


上限値は１００億円（最も良い）で、下限値はマイナス３億円です。

分母が１億円ですので、１億円が基準になります。最高が１００億円です。創業からの内部留保金が１００億円あれば、利益剰余金は満点になります。まさに最高のダム経営そのものです。

反対に利益剰余金がマイナスということは、毎期の当期純利益が計上できていない状態であるか、あるいは、過去の繰越利益金を食い潰してしまった状態です。

また、利益準備金、別途積立金などがあっても、これらの合計額以上に繰越利益剰余金がマイナスであった場合は、利益剰余金の評価はマイナスになります。

利益剰余金は、長期的な智慧の経営でもって、毎期、確実に利益を上げ、税金を払い、蓄積していくしかありません。まさに、無借金経営、ダム経営の実践を続けていくことに尽きます。

利益剰余金は、創業から現在まで蓄積してきた利益の合計額ですが、社歴が長いと有利な面もありますが、あくまで利益剰余金の金額により判断されます。

例えば、得意先の某社は社歴が56年であり資本金が2，000千万円ですが、利益剰余金は10億円近くもあります。まさに、智慧と汗の結晶です。反対に同程度の社歴でも、利益剰余金がマイナスの会社もあります。

確かに社歴が長く某社のような場合は、この「利益剰余金」の指標は有利に働きます。一方、新設会社は歴史がなく不利に働きます。その調整を寄与度で図っているかもしれません。利益剰余金の寄与度は、一番小さい4．4％ですが、視点を変えれば、ダム経営と直結する指標ですので、けっして、おろそかにできません。

詳しくは、「アップ対策3（利益と納税についての考え方）」のところで述べます。

12．経営分析（Y点）のアップ対策1（理屈対策）

経営分析の8指標を見てきました。一つ一つの指標について、それぞれの理屈対策をまとめてみました。左表のとおりです。すると、理屈対策と8指標の関係が明確になり、対策が立てやすくなりました。具体策は後述します。

	理屈対策	8つの指標
1	金利を減らすこと （借金を減らすこと）	1位「純支払利息比率（29・9％）」 2位「総資本売上総利益率（21・4％）」 3位「自己資本比率（14・6％）」 4位「負債回転期間（11・4％）」 5位「自己資本対固定資産比率（6・8％）」 6位「売上高経常利益率（5・7％）」 7位「営業キャッシュフロー（5・7％）」 8位「利益剰余金（4・4％）」
2	粗利益を増やし、 確実に経常利益を上げること	2位「総資本売上総利益率（21・4％）」 6位「売上高経常利益率（5・7％）」
3	自己資本を増やすこと	3位「自己資本比率（14・6％）」 5位「自己資本対固定資産比率（6・8％）」
4	総資産のスリム化をすること	2位「総資本売上総利益率（21・4％）」 3位「自己資本比率（14・6％）」 5位「自己資本対固定資産比率（6・8％）」

右記のように理屈対策は、①金利を減らすこと（借金を減らすこと）、②粗利益を増やし、確実に経常利益を上げること、③自己資本を増やすこと、④総資産をスリム化することの4つになりました。

違う表現をしますと、「金利を減らすこと（借金を減らすこと）」は、1位の「純支払利息比率（29・9％）」から8位の「利益剰余金（4・4％）」まで、すべての指標に影響し、アップ対策の1番手にきます。無借金経営の実践に尽きます。

2番手の「粗利益を増やし、確実に経常利益を上げること」は、2位の「総資本売上総利益率（21・4％）」と6位の「売上高経常利益率（5・7％）」の2つの指標に影響し、毎期の利益計上と納税意識がキーポイントになります。その重要性を「アップ対策3」で説明します。

3番手の「自己資本を増やすこと」は、3位の「自己資本比率（14・6％）」と5位の「自己資本対固定資産比率（6・8％）」の2つの指標に影響し、増資対策と、やはり、毎期の利益計上と納税意識がキーポイントになります。その重要性を「アップ対策3」で説明します。

4番手の「総資産のスリム化をすること」は、2位の「総資本売上総利益率（21・4％）」、3位の「自己資本比率（14・6％）」及び5位の「自己資本対固定資産比率（6・8％）」の3つの指標に影響し、遊休資産の売却が主な対策になります。また、出来る限り機械や車両は、現金で購入するようにします。お金がなければ購入できませんので、やはり、無借金経営やダム経営の重要さが見えてきます。

このように理屈対策を分析しますと、いかに、無借金経営やダム経営が重要で、本気になって実践し貫き通すことが明確になりました。経営分析（Y点）アップ対策は、無借金経営、ダム経営が最も効果を発揮します。ダム経営は、Y点対策だけではなく、会社経営の基本中の基本です。根幹をなす経営方法だと考えます。

ところで、ダム経営は会社規模に応じて、今すぐ使えるお金が1億円なのか、5億円なのか、10億円なのか、50億円なのか、100億円なのか、分かりませんが、少なくとも借入金がなくて、今すぐ使えるお金が「1億円ぐらいからダム経営」と言えそうです。なぜならば、第7位の「営業キャッシュフロー（絶対額）」と第8位の「利益剰余金（絶対額）」の分母が1億円になっているからです。創業から現在までの「利益剰余金」が100億円になれば満点です。

13．経営分析（Y点）のアップ対策2（具体策）

理屈対策で、アップ対策の方向性が明確になりました。

それは、①金利を減らすこと（借金を減らすこと）、②粗利益を増やし、確実に経常利益を上げること、③自己資本を増やすこと、④総資産をスリム化することの4つでした。この4つの対策を実践されることで、確実にY点はアップし、経審全体のP点も自動的にアップします。

それでは具体策に入りますが、具体策は、各会社により、建設業の工事種類などにより違ってくると思います。第1章「自社の得意技で勝負する」、第4章「繁栄が繁栄を呼ぶ」の記事は、社長さんらの実体験を綴っていますので参考になると考えます。特に第1章「自社の得意技で勝負する」の箇所を中心に述べていきます。

本来、建設現場のことは、社長さんらが一番よく理解されていますので、おこがましく浅薄な私が述べることではありませんが、応援歌だと思っていただければ幸いです。

(1) 金利を減らすこと（借金を減らすこと）

お金がなければ、経営を続けることができません。いつも資金繰りで忙しい会社は、社長の心に余裕がなく、良い仕事をお客さんに提供できません。その結果、仕事がなくなっていき、会社を閉めることになります。または、本業以外で儲けようとして、さらに墓穴を掘るケースが多いようです。

本業を大事にしながら、日々の実践行為を通して、無借金経営を実践し続けましょう。それは、工夫して工夫して考えることです。「智慧の経営」を貫くことです。毎日イノベーションすることです。

イノベーションとは「これまでとは異なった新しい発展。刷新。技術革新」のことですが、大きなことではありません。小さなことから始まり、身近なことがイノベーションです。智慧を活かすことが、イノベーションを押し進めます。

本気になって無借金経営、ダム経営の実践を貫き通します。先ほども述べましたが、ダム経営は、無借金で今すぐ使えるお金が1億円になって、ダム経営と言えそうです。なぜならば、第8位の「利益剰余金」の分母が1億円で、最低1億円が目安のようです。

具体的には、①増資が可能なら資本金を増やし、その資金を借入金の返済に充て、金利を減らします。社長からの借入金があれば、増資手続をされて資本金を増やしてください。

②投資有価証券や土地など経営活動に利用されていない遊休資産を売却した資金で、借金の支払に充てることで、金利を減らすことができます。経営に寄与しない遊休資産を減らし、身軽になりスリム化を目指します。経営に寄与しない無駄な資産を無くし、シンプルな財務内容にしましょう。経営に寄与しない人材もシンプルにすることが大事です。これもダム経営の一つです。

③定期預金や積立預金といった固定預金を解約して、借金の支払に充てることで、金利を減らします。銀行関係の問題もありますが、上手に折衝なさってください。

④公的資金を活用して借り換えを行うことによって、低利の資金導入を図ることにより、金利の総

額を減らします。多くの公的資金を検討しましょう。公的資金は、銀行のように預金をする必要がありませんので、あらゆる公的資金を検討なさってください。

(2) 粗利益を増やし、確実に経常利益を上げること

売上高より粗利益を重視してください。

「C社長の魅力」で述べていますが、工事現場を効率よく進めていくためには、次のようなことが基本となるでしょう。

お客さんに喜んでいただいて顧客満足を高めること。適性利益を出すこと。協力会社にも利益を提供できること。可能な限り短い工期で施工すること。無事故、無災害で施工すること。近隣の人たちと調和していること。自然環境を保全すること。働きやすい現場で従業員の満足度が高いこと。どれ一つとして、おろそかにできません。

現在の経営分析（Y点）は、無借金経営の次に、各現場の工事内容を検討していただき、粗利益を高めることに尽きます。粗利益率の高い工事現場を多くするには、他社にないような工法を生み出すか、工期を短縮できるか、自社独自のものを創りあげてください。

粗利益を増やすには、付加価値の高い工事にシフトしていくこと。あと、原価管理と人材育成の徹

底化を図り、各現場の粗利益率を高めることです。

まず「付加価値の高い工事にシフトしていくこと」は、第1章「プラント工事の機械屋さんに徹する」「得意技を活かし仕事目標を固める」の記事を参考にしていただき、自社独自の工法を創りあげてください。難しいことですが、信念を持って実践なさってください。

次に「原価管理と人材育成の徹底化を図り、各現場の粗利益率を高めること」ですが、第1章「完成度の高い工場専門の建築業者」「役所の予算を追加されるほどの積算名人」「セローズファイバー（断熱・防音・結露）」「無垢の木と自然素材にこだわる住宅専門業者」などの記事を参考にしてください。工事原価の見直しを徹底し、粗利益を高めてください。

具体的には、徹底した原価管理をされて、各工事の利益率を上げることに尽きますが、明らかに赤字になるような工事は受注しないことです。また、工期の短縮を図り人件費や外注費を減らす工夫をされることも一つの方法でしょう。現場で使用する材料等も出来る限り手持ち在庫で賄うようにしましょう。「得意技を活かし仕事目標を固める」の記事が参考になると思います。

さらに「人材育成」ですが、この章の「1級の資格を取らないものはリストラ」のように全員が1級の資格を目指してください。現場に配置される人員に無駄が出ないように、普段から施工能力を高め、少数精鋭主義に徹することでしょう。

最後に、建設業の工事種類によっても戦略が違ってきます。土木工事と建築工事は、元請工事に徹してください。施主さんからの直接に請け負う工事です。土木工事に関しては、公共工事が大半ですので、「役所の予算を追加されるほどの積算名人」の記事を参考に、可能な限り利益率を高めてください。

建築工事に関しては、「きたない、おそい、いいかげんの小さな工務店」「完成度の高い工場専門の建築業者」「C社長の魅力」の記事を参考に、元請工事に徹してください。特に地元のお客さんをベイスに信頼を勝ち取ってください。

また、専門工種である解体工事屋さん、造園屋さん、電気屋さんなどは、「得意技を活かし仕事目標を固める」の記事を参考に、創意工夫され、工期の短縮や日本一きれいな掃除を徹底され、ナンバーワンの下請業者を目指してください。

粗利益の考えとして全般に言えることですが、「御社だけで勝てる会社に（競争の外に出る）」の記事が参考になると思います。

このように「どうしたら粗利益が増えるか」「どうしたら売上が増える」かの対策も重要ですが、「どうしたら喜んでもらえるか」を考え抜いてください。お客さんに喜んでもらえることを基本に個々の対策を創りあげてください。

(3) 自己資本を増やすこと

早急に自己資本の比率を上げるには、可能な限り増資をして資本金を多くします。代表者からの借入金がある場合、これを資本金に振り替える方法もあります。

自己資本は、資本金と会社が蓄積してきた剰余金で構成されています。中長期的には、毎期の決算において、利益を確実に上げていき税金を払い、無借金経営の実践を続けていくこと。最終的には、ダム経営の実践を続けていくことに尽きます。

また、この第3章「経営規模（X2）の自己資本額と平均利益額（ダム経営と直結）」を参考に増資を進めてください。

さらに、毎期の利益計上と納税意識がキーポイントになります。その重要性を「アップ対策3」で説明しています。納税意識に関しては、経営者のマインドを変えることに尽きます。納税意識を高めない限り、真の対策にはなりません。

(4) 総資産をスリム化すること

総資産（総資本）を減らす方法です。

経営活動に不要な有価証券や土地などを処分し、借入金の返済に充て、財務体質をスリム化することで、総資産の割合が少なくなります。役員、従業員への貸付金があれば、銀行の個人貸付金を斡旋するなどして、早急に回収します。仮払金のような仮勘定科目も、きちんと精算することです。

また、出来る限り機械や車両は、現金で購入するようにします。お金がなければ購入できませんので、やはり、無借金経営やダム経営の重要さが見えてきます。

いかに、無借金経営やダム経営が重要で、本気になって実践し貫き通すことです。経営分析（Y点）アップ対策は、無借金経営、ダム経営が最も効果を発揮します。

ダム経営は、Y点対策だけではなく、会社経営の基本中の基本です。根幹をなす経営方法だと考えます。「御社の繁栄、あなた様の繁栄がいつまでも続きますように」願っております。

(5) まとめ

理屈対策の４つとダム経営は密接につながっています。次のようになります。

ダム経営を実践し貫くことで、これら４つの対策は必ず達成できます。

それには、経営者のマインドを変えることです。言葉を換えれば、「人格のダム」にかかかっています。つまり、社長の人格形成に尽きます。

	理屈対策	ダム経営の実践
1	金利を減らすこと（借金を減らすこと）	すべてダム経営につながります。 (1) お金のダム (2) 人材のダム (3) 信用のダム (4) 人格のダム
2	粗利益を増やし、確実に経常利益を上げること	
3	自己資本を増やすこと	
4	総資産のスリム化をすること	

14. 経営分析（Y点）のアップ対策3（利益と納税についての考え方）

アップ対策1（理屈対策）とアップ対策2（具体策）を述べてきましたが、ここでは、一番大切なアップ対策を述べます。根本的な考え方です。一言で言えば、経営者のマインドを変えることに尽きます。経営者のマインドを変えない限り、真の対策にはなりません。

答えは簡単。①金利を減らすこと（借金を減らすこと）、②粗利益を増やし、確実に経常利益を上げること、③自己資本を増やすこと、④総資産をスリム化することの4つでした。

利益を上げ、余剰金を増やしていくことは、誰でも知っています。増資をすれば、資本金が増え、バランスが良くなり、経審がアップすることは、みんな思っていますが、実行できないだけです。なぜ実行できないのか、お金がないからです。

それを達成するには、経営者のマインドを変え、達成させる情熱と中長期的な努力で可能になります。その一番最初の経営者のマインドを変えない限り、次に進むことができません。その最大のネックが納税意識です。この納税意識を変えない限り、経審アップや分析アップの真の対策になりません。

利益と納税についての考え方を知ってください。

納税額が増えることとは、同時に内部留保が増えることでもあります。

日本には数多くの会社がありますが、そのうちの約7割が赤字会社であると言われています。もちろん、商売が下手で赤字になっていることがありますが、税金の支払いを逃れるために赤字をつくっている会社も非常に多くあります。

小さな会社の社長にとっては、税金対策、税務署対策も非常に重要な仕事の一つです。税務署との「ケンカ」は社長でなければできません。その意味において、これはとても難しい仕事だと思います。

しかし、これについても、社長は新たな能力を磨いていかなくてはなりません。小さな会社では、一人か二人の経理担当者を雇い、彼らが作成した資料をもとに、社長は会社の運営について判断していると思いますが、社長自身も本などで勉強し、経理の知識を身につけることが必要です。

「税金が払える」というのは、「少なくとも税金に倍するぐらいの利益がある」ということを意味しています。そもそも利益がなければ税金は払えません。税金を払わなくても済むようにするため、赤字にも黒字にもならないスレスレのところを狙って経営する人も多くいますが、それは結局において、無駄な経費を使ったり、無駄な投資をしたりしているにすぎないことがよくあります。

節税に夢中になっていると、放漫経営に陥るおそれがあることを知ってください。

「稼ぐに追いつく貧乏なし」と言われますが、毎年毎年、会社として利益をあげていくことを優先させるべきです。利益以上の税金はありえません。税金は利益の35%程度ですから、むしろ、「自分の会社も税金を納められる身分になりたい」と考えるべきです。

また、毎年毎年、納税額が増えていくことは、同時に、利益が増えていくことも意味しています。違法なことでもしないかぎり、納税をせずに利益を蓄積できた会社はありません。納税額が増えていくことは、同時に、内部留保が増えていくことでもあります。この点を無視してはいけません。

日本という国において経済活動の場を提供され、日本人を相手に商売をしている以上、それによって得た利益の一部は国家に還元すべきです。

また、お金は天下の回りものであり、自分の会社が納めた税金は、やがては商売相手のほうへも流れていきます。お金の循環、法則を知ってください。自社が納税せずに、天下の回りものにはなりません。

「お金は天下の回りもの」という意味は、自分が税金を払うから、お金が回るのです。そういう意味で、「お金は天下の回りもの」であり、税金を払わない者には、「お金は天下の回りもの」という資格がないという意味です。その意味では、「事業によって得た利益の半分程度は公金である」と考えたほうがよいです。

もちろん、節税がいけないと言っているわけではありません。合理的な節税をすることは大事です。ただ、「節税のみに社長のエネルギーを注いでしまっては、会社の発展はありえない」ということです。

小規模企業は役員報酬を取って、増資資金にプールしておくべきです。府下、県下でBランクを目指し、大きな工事を受注するにも、余剰金が必要になります。いつもダム経営を意識され、納税と利益の意味を噛みしめてください。

15．経営規模（X2）の自己資本額と平均利益額（ダム経営と直結）

Y点の8指標も重要ですが、視点を変えれば、この「経営規模（X2）の自己資本額と平均利益額」が最も重要な指標とも言えます。なぜならば、ダム経営に直結する指標であり、多くの経営者がこの道を超えることがなかなか出来ないからです。頭では理解されているでしょうが、本気になって挑戦、実践継続をされないことが理由だと思っています。

京セラの稲盛さんではないですが、ミニ稲盛さんからスタートされることを強く望みます。現実に得意先の10社ほどは、億単位のダム経営を達成されています。これに続く10社ほどの会社もダム経営を実践され続けています。さらには、ダム経営とY点のシンプルさに目覚められ、本気になってダム経営を実践された得意先も10社ほどあります。

(1) 概要

現在の経審（平成20年改正後）は、会社経営にとって重要な指標が凝縮されています。

特に、経営規模の評価項目の一つに「自己資本額および平均利益額（X2）」があり、経営の要諦になる重要な評価項目です。この評価項目に重点を置いて、経営を進めることを強く望みます。今まで述べてきました経営分析（Y点）の8指標も重要ですが、「自己資本額および平均利益額（X2）」も決算書の数字が反映しますので、ある意味、9番目の経営分析指標とも言えます。

この評価項目は、現在の経審では、売上高の規模に関係なく、資本金の充実や繰越利益金の余剰金を伸ばしていくことで、単独でP点やY点を伸ばすことができます。改正前は売上高と連動していましたので、あまり評点アップが望めませんでしたが、現在の経審の自己資本額は違います。つまり、売上高に連動していませんので、自己資本額を上げて、平均利益額を上げれば、単独でアップ対策がとれるということです。

自己資本額は、資本金を増やすことで対策が可能になります。しかし、平均利益額の利益剰余金に関しては、短期的な対策では評点アップが図りにくいと考えますが、私がいつも言っている「無借金経営」「ダム経営」を日々の実践行為として、信念を貫いて実践なさってください。必ず「平均利益額」はアップします。対策については、後から述べます。

この「自己資本額および平均利益額（X2）」は、自己資本額評点と平均利益額評点を用いて計算します。自己資本額は「自己資本額評点の算出式」の表で、平均利益額も「平均利益額評点の算出式」の表で、それぞれ評点を算出します。そして2つの評点を足して、2で割ります。これが「自己資本および平均利益額（X2）」の評点になります。

（算式は）
X2＝（自己資本額評点＋平均利益額評点）÷2で計算します。

自己資本額とは、決算書のうち貸借対照表の資産総額から負債総額を差し引いた純資産額の合計額をいいます。簡単にいえば、資本金＋繰越利益金です。他に別途積立金などがあれば、それも足します。

平均利益額の利益とは、支払利息、法人税等、減価償却費を除いた利益を基準にしています。つまり、営業利益に減価償却費を足した金額になります。その2年平均額です。

綜合評定値（P点）に占めるウエイトは、15％です。平成20年改正前の10％から15％に引き上げられています。さらに、評点の上限も954点から2，280点まで引き上げられ、非常に重要度の高い評価項目となっています。

P点に換算しますと、X2×0・15（ウエイト15％）となります。自己資本額がマイナスの場合は、0円とみなして評価されます。

まさに、ダム経営を実践しなさいと言っている指標です。

(2) 自己資本額が単独でアップする

改正前の自己資本額は、年間平均完成工事高に対して、どの程度の自己資本があるかを評価していました。

しかし、現在の経審（平成20年改正後）は、自己資本額そのものが絶対額と評価され、自己資本額が大きいほど評点が高くなります。改正前のように、同じ自己資本額でも年間完成工事高が上がれば、逆に自己資本額の評点が下がるという現象が起こりません。利益を多く残した強い経営体質が評価されます。無借金経営、ダム経営の実践に尽きます。ダム経営は、経審だけでなく、心に余裕を持って、経営を進めていくことができます。

(3) 増資の勧め（自己資本の充実）

個人的に資金余裕があれば、増資をお勧めします。グループ会社等の応援も含めて、自己資本の充実のために、増資計画をなさってください。

すぐに増資資金がないならば、役員報酬から一定額を天引する形で、増資預り金として積立しておいて、中長期的に増資計画を進めてください。役員報酬を全部持ち帰るのではなく、将来の増資積立金に当てることも、ダム経営に近づける一歩です。

(4) 平均利益額（利益剰余金）

平均利益額（利益剰余金）は、短期的な対策で評点アップが望めません。繰越利益金は長年の営業成果が蓄積された智慧と汗の結晶ですから、飛躍的に向上することはありません。しかし、普段の経営の積み重ねですので、日々の実践行為として、常に念頭におき、余剰金を増やことに的を絞ってください。建設業は余剰金が勝負です。必ず工事代金の立替金が発生しますので、余剰金がいかに大切か、社長自身が一番よく知っています。

また平均利益額は、経営分析の8指標の全部に関連する評価項目です。8指標を再現しますと左記のとおりです。

この平均利益額と8指標の関連性が明確になり、いかに平均利益額が重要な評価項目か理解できます。

平均利益額（利益剰余金）のアップ対策も、理屈対策で述べたとおり、①金利を減らすこと（借金を減らすこと）、②粗利益を増やし、確実に経常利益を上げること、③自己資本を増やすこと、④総資産をスリム化することの4つと同じ対策になりました。

また「アップ対策3（利益と納税についての考え方）」でも述べましたが、利益を上げ、利益余剰金

ダム経営の実践（お金のダム、人材のダム、信用のダム、人格のダム）

平均利益額（利益剰余金）

①金利を減らすこと。
（借金を減らすこと）
②粗利益を増やし、
確実に経常利益を上げること。
③自己資本を増やすこと。
④総資産をスリム化すること。

第1位　純支払利息比率（29・9％）
第2位　総資本売上総利益率（21・4％）
第3位　自己資本比率（14・6％）
第4位　負債回転期間（11・4％）
第5位　自己資本対固定資産比率（6・8％）
第6位　売上高経常利益率（5・7％）
第7位　営業キャッシュフロー（絶対額）（5・7％）
第8位　利益剰余金（絶対額）（4・4％）

を増やしていくことは、誰でも知っています。増資をすれば、資本金が増え、バランスが良くなり、経審がアップすることは、みんな思っていますが、実行できないだけです。なぜ実行できないのか、お金がないからです。

それを達成するには、経営者のマインドを変え、達成させる情熱と中長期的な努力で可能になります。その一番最初の経営者のマインドを変えない限り、次に進むことができません。その最大のネックが納税意識です。この納税意識を変えない限り、経審アップや分析アップの真の対策になりません。平均利益額（利益剰余金）を増やしていくには、経営者のマインドを変えてください。納税意識を高めてください。これに尽きます。

16．1級の資格を取らないものはリストラ

1級の資格は、経審（けいしん）の技術力（Z点）に関係する項目です。経営分析の指標とは関係なく、単独で1級資格者等の数で評点が上下します。

1級の資格を取らないものは、リストラです。

何が何でも1級。みんなが1級。全員が1級。役員から現場、事務員さんに至るまで、全社員が1級の資格を取ること。一番効果があって、間違いなく、P点がアップする方法です。

総合評定値（P点）も飛躍的に向上しますが、それよりも、もっと大きな効果があります。優秀な1級技術者は、会社に利益をもたらし、地元でトップ3になる時間が大幅に短縮できます。本物を求める、本物志向の会社に変化し、大きな奇跡を生みだしてくれます。そのための教育費用を惜しんではなりません。21世紀は、学習する会社が世の中を制します。

経審の総合評定値であるP点は、大きく5項目に分かれています。
そのウェイトは、次のとおりです。

①経営規模（X1）　↓　25%
②経営規模（X2）　↓　15%
③技術力（Z）　↓　25%
④経営状況分析（Y）　↓　20%
⑤社会性の評価（W）　↓　15%

総合評定値（P点）　100%

技術力（Z点）は全体の25%もあり、経審（けいしん）のP点を伸ばす確実な方法です。文句なしにP点はアップします。会社の売上も利益も関係なく、経営分析にも影響なく、全員が1級の資格を取るだけで、大幅に総合評定値（P点）は向上します。

みんな知っています。当たり前の話です。知っていることと、行動を起こし、実践することは違います。行動しなければ、知らないことと同じです。知っていることでP点が上がるのなら、東大の教授が一番よい点を取ります。

地元でトップ3。そんな会社を目指してください。役所の仕事を今後も続けていくならば、地元でトップ3に入ってください。そうでなければ、官公庁相手の仕事では生き残ることが出来ません。

とにかく1級。何が何でも1級。みんなが1級。全員が1級。

第4章

繁栄が繁栄を呼ぶ（健康・素直な心・感謝・謙虚）

この章では「繁栄が繁栄を呼ぶ」と題して、経営に大切なことを述べていきます。得意先の社長さんの体験談や、折に触れ感じていることを中心に綴っています。

特に経営者にとっては健康が最優先します。毎日、酒ばかり飲んでいたら健康な経営者とは言えません。ある方が、伊藤忠商事の元会長・越後正一さんに「商売の秘訣を教えてほしい」と聞いてみたところ、「健康管理ができへんやつは経営者にあらず。それだけや」と、おっしゃったそうです。

健康管理は経営者だけの問題ではありませんが、当然ながら健康に留意することが繁栄発展の基（もとい）でもあります。あと、経営者とって重要な、素直な心、感謝、謙虚についても述べています。実は繁栄発展されている得意先の社長は、いつも感謝を忘れずに「謙虚さの底力」みたいなものを感じます。ある意味「健康・素直な心・感謝・謙虚」は、付加価値を高める努力以上に大切なマインドだと想います。多くの新たな発見があるでしょう。

1.「えぇ、うしろ盾やなぁ」

「にいちゃん、まだ若いね」「ご両親は健在ですか？」

「はい、おやじもおふくろも元気です」

「えぇ、うしろ盾やなぁ」

「えぇ、うしろ盾？」

「お父さんもお母さんも、元気やということは、思いきって仕事に励めるやろ」

「片方が病気で寝込んでいたら、にいちゃんの気持ちが半分そっちのほうへいって、仕事に全力投球できないやろ」

「ご両親が元気ということは、それだけでも、ありがたいことや。感謝せなぁあかんでぇ」

いつもお世話になっている社長のお母さんから頂戴しました。

32歳だった私は、「えぇ、うしろ盾」の意味がよく分かりませんでした。お送りさせていただく車中での会話であったが、一生忘れられません。

その社長さんのお母さんは、その後まもなく天国に召されましたが、折に触れ、そのお母さんのことを思い出します。そのたびに「えぇ、うしろ盾やなぁ」という言葉が蘇ってきます。

私の両親も既にこの世にいませんが、この言葉を思い出すたびに、両親が健康であってくれたことに感謝しています。

当時の私は、花粉症のかけらもなく自分の体のことは元より、両親の健康のことなど考えたこともない人間でした。ましてや、妻の健康も子供たちの健康も同様でした。自分がアレルギー体質になって初めて、健康の有難みを知ったわけです。ひどい花粉症になったのが37歳頃でした。その時に「えぇ、うしろ盾」の意味が腹に落ちました。

以来、家族が健康であるということは、何より自分に幸せを与えてくれる身近な存在であり、その尊さを知らされ、家族への感謝が深まりました。

健康は、失って、初めてその貴重さがわかります。病気になって初めて、健康であることの幸福に気づきます。

あたり前であることに感謝しない自分。足ることを知らず暴走する欲望電車に乗っていた自分。思わず知らず反省の涙が頬を伝うのもその時です。家族の有難さ、肉親の絆の大切さを、思い知らされるのもその時です。

病気も考えようによっては、健康になる入口だと思います。あなたの魂が、飛躍的に向上するチャンスでもあります。健康に感謝すれば、あなたの未来の幸福を約束してくれます。

2．ストレスを良い方向に導けば、病気は治る

体に良い物を食べる、適度な運動する、時には断食をすれば血流もよくなり元気になると、みんな頭の中では分かっています。例えば、夕食断食を一週間続ければ血流がよくなることを知り実践したとします。しかし人によっては、その断食が逆にストレスになり、良い結果にならないことも往々にしてあります。

仕事でも同じことが言えます。仕事の失敗で会社に大きな損害を与えてしまい、社長から怒らたとします。これも本人にしてみれば、ものすごいストレスになり、自暴自棄になり病気になるかもしれません。

失敗した事実は変えることは出来ませんが、その失敗の受け取り方は人により異なります。つまり、

捉え方はいくらでも変えることはできます。失敗したことで厭世的になる人、これではいけないと反省して、逆にその失敗を肥やしにする人もいます。捉え方一つで、未来の人生が変わります。

私も仕事で忙しい時期は、終電車の日々が続き、土日も仕事でした。肉体の限界まで仕事をした時期があり、立つことができないぐらい腰を痛め10日ほど歩くことができませんでした。それも3回も経験しました。腰が治れば、辛かったこともすぐ忘れ、健康であることに感謝したことがありません。

しかし、腰を痛めたことで暗くなったり、マイナス的な思いを持ったことはありません。仕事の遅れは、どこかで取り戻せばと良いと軽く考え、その腰痛がストレスまでにはなっていませんでした。ある意味、楽天的に捉えるところがあり、それが良かったかもしれません。

もう一つ、貨物運送の許可申請で大失敗をしました。申請者が借りられた倉庫内を車庫として申請したのですが、その建物は建築用途が倉庫であり、車庫として使用するには用途変更の手続をしないと、許可に向けて進めてもらえなかった事案でした。その旨を申請者に伝え、用途変更の手続をお願いしたのですが、全く受け入れてもらえず損害賠償に訴えてきました。最終的に和解になり一千万円近くの賠償金を支払いました。その時は、さすがの私も夜も眠れず、悶々とした日が一週間ほど続き、ものすごいストレスを感じました。

しかし私は反省して、逆に運送業の専門性を極めようと決意しました。この失敗があったからこそ、運送業の専門家になれたのであり、その申請者に感謝できるようになりました。おそらく、事件当時に申請者に対し強い悪意を持っていたら、病気になっていたかもしれません。

仕事の失敗や心の悩みは、誰でも一度や二度は経験されると思いますが、その時に、それをどう捉えるかによって、ストレスを感じるか、ストレスを解消できるか、そのストレスを上手にコントロール出来るかによって、結果が大きく違ってきます。

ストレスを良い方向に導いてやれば、元気になり健康な体を維持できます。また、ストレスを上手にコントロール出来る能力が高まれば高まるほど、何事も良い方向に動き出します。まるで、神様が応援してくださっているように思います。

3．現代医学の常識に振り廻されたS社長

30年以上もお世話になっているS社長のお話です。

建設業の仕事で、毎年2回程度、お伺いします。仕事の話が終わり世間話になると、健康診断のことを何度も話されるようになったのは、数年前からです。私より4歳年上で、その頃は73歳だった思います。ご本人は血圧が少し高くて、かかりつけの病院に行かれ、精密検査を受けられた結果、やは

り血圧が高く、血圧を下げる薬をその時から飲んでいるとの事。

次に行くと、「健康診断をちゃんと受けとるか。定期的に病院で検査していないと俺みたいになるぞ。お前みたいに定期健診も受けないでいると、いつか病気になって倒れるぞ」。

次の時も次の時も同じような内容のことを私に話されます。

そのたびに私は、「自分の体のことは、自分が一番よく知っています。病院に行かなくても自分でわかります」。「お前みたいに、自分勝手に健康やと思っているやつに限って、ポックリといくんや」と、こんな会話が数年続きました。

その翌年、S社長の奥様から連絡があり、主人は入院しました。肝臓に何かしこりが出来て、検査入院されたとの事。その後、検査入院が終わって自宅に戻られて静養されていました。しかし、体の調子がよくならず、再度の検査入院をされました。すると、肝臓ガンが発見されて本格的な入院となりました。ちょうど、コロナが始まった時期でしたので、お見舞いにも行けなくなり、一日も早く、元気になられて復帰されることを祈っていました。

その後、奥様から聞いたことですが、抗ガン剤治療を始められて一時的に痛みも止まり、安心されていたのです。コロナのために、家族もあまり病院に行けず、二週間に一回程度になったそうです。ところが奥様が病院に行かれるたびに、S社長の体は痩せていくばかりでした。

最後は何も食べることができない状態だったようです。そして、その年の9月に天国に旅立たれました。S社長とは、仕事以外のお付き合いもあり「我俺の仲」でした。走馬灯のようにS社長の顔が浮かんできて、ご冥福をお祈りさせていただきました。

これは私の勝手な憶測ですが、抗ガン剤治療でS社長の体を逆に悪くしてしまったのではないかと思われます。確かにガン細胞も消滅しますが、抗ガン剤治療は、健康な細胞までも傷つけられてしまい、体力も衰え、ガンに立ち向かう力が失われてしまうようです。

安保徹先生の著書「人が病気になるたった2つの原因（講談社）」でも、全く同じようなことを指摘されていました。「現代医学のガン治療といえば、手術、抗ガン剤治療、放射線治療が三大治療法として知られていますが、どれも症状を一時的に抑え込むだけで、『ガンになる条件』を取り除くものではありません」。「抗ガン剤や放射線に関しては副作用の問題も考えなければならないでしょう」。

S社長の天命は人間の寿命と捉えれば、それまでのことです。しかし、「最近、欧米では分析やデータ至上主義の現代医学の反省から、一人ひとりに対して個別性を考えた医療に向かう流れが始まっています」と、安保徹先生の「病気にならない体をつくる免疫力（三笠書房）」に書かれていました。日本においても、一日も早く「一人ひとりに対して個別性を考えた医療」が主流になることを強く望みます。また薬ばかり出す医者が少数派になれば、医療費もかなり減るのではないでしょうか。

やはり、健康が一番です。私の持論ですが、薬の常用は弊害が多く、逆に新しい病気を作ります。自分の健康は、心掛け次第で自分で治すことができます。病は気からといいます。もちろん、薬も医者も必要な時はありますが、何でも薬や医者に依存してはいけません。病に対する考え方を根底から変えて、自分の力で健康を維持していくことも大事なことです。

4. Y社長の愛読書

経営なら経営関係の本を１００冊読むと、経営のことは大体わかります。しかし、本当の経営のことはわかりません。なぜならば、実践しないことには、智慧に発展しないからです。

１００冊の本を読むのも良いですが、１冊の良書を１００回読むほうが実践向きです。１００回読むと腹に落ち、自分の智慧に活かせるからです。

若い頃に、経営コンサルタントの二見道夫さんの本をよく読みました。わかりやすく、実践と理論の両方があったので、非常に理解しやすかったことを覚えています。彼は、Ｄ・カーネギーの「人を動かす」を１００回以上は読んでいると書いていました。

一口で１００回と言いますが簡単に実践できるものではありません。しかし、１００回ぐらい読む価値のある本が世の中に存在するから、嬉しくなり、書物の存在価値がありますね。

学者は、一生の間に5、000冊から7、000冊ぐらいは読むと言います。しかし、量より質。経営者は忙しいから、凝縮された良書を何回も読むほうが、経営に活かすことができます。経営に活かすことができなければ、本を読んだ時間が無駄に終わります。

得意先のY社長も1冊を100回読むタイプの勉強家です。

年初めに、お会いする機会があり、最近どんな本を読んでますかと尋ねました。

「小山昇さんの本を読み返しています。実際に経営されている方の本はタメになります」

「それにしても、Y社長はいつも数冊の本をカバンに入れて、寸暇を惜しまず勉強されていますね。毎日、忙しくされていて頭が下がります」

「とんでもないですよ。先生が昔、私にとりあえず100冊の経営書を読みなさいと。殆ど命令口調でおっしゃいました。それも実際に経営されている方の経営書で、くだらん本は読まないほうが良い。しかし、最低100冊ぐらい読まないと、どの本が良いのか悪いのか分からないから、とりあえず100冊目指して読んでいけば、自然と判断がつくようになると」

偉そうに言った本人はすっかり忘れていました。

「それから、来る日も来る日も経営書を読みました。ダンボールに50箱ほど貯まりました。今も続けています。そのお陰で、良書と悪書の違いも分かるようになってきました。先生のお陰です。ところで、先生は今、何を読まれていますか」

「松下幸之助さんの『素直な心になるために』を読み返しています。幸之助さんの本はたくさんあって、やはりタメになりますね。若い頃にかなり読みましたが、すっかり忘れています。しかし、『素直な心になるために』だけは何回も読んでいますので、多少なり覚えているところがあります。素直な心は、すべての基本中の基本だと頭で理解していても、なかなか素直になれない自分がいます。74歳になって初めて、素直な心が経営に役立つことや人生にとって大切な心の持ち方だと痛感しました。Y社長は読まれましたか」

「『素直な心になるために』は、私の愛読書の一つです」

これで納得です。だから、いつお会いしても、Y社長は謙虚で、偉そうにされている姿を見たことがありません。いつも平静心そのものです。改めて、Y社長のすごさを感じました。

5. 猛烈部長さんの忘れもの

いつも感謝をされている人は、笑顔もあり健康な方が多いように思います。

マーフィー氏の本を読んでいますと、病気が快復して健康になられた方の話が、多くの事例で紹介されています。その中に祈りの言葉があり、神への感謝、相手への感謝、自分が生かされていることへの感謝など、必ず感謝の想いが入っています。ナポレオン・ヒル氏も感謝を大切にされています。その他の多くの書籍でも、感謝の重要性を説かれています。感謝の心と健康は、相性関係があり、感謝の心は健康な体へと導いてくれます。

最近、面白い本を読んでいたら、やっぱり、感謝という言葉が出てきました。

小林正観氏の「人生が全部うまくいく『ありがとう』の不思議な力（三笠書房）」という書籍です。健康の話ではなく、ある出版社の部長の話が書かれていました。

これまで21冊の本を出版してきましたが、７勝７敗７引き分けで、どんなにがんばっても勝率が５割を超えないということで、その部長は小林氏に質問されました。

「これだけ苦労して本をつくっているのに、売れないのは、もっと苦労しろということですか。神様がそう言ってるのだと思いますか。もっと努力しろと言っていますか」

小林氏の答えは、「苦労が足りないと神様が言っているのではないと思います。努力が足りないと言っているのでもないと思います。足りないのは『感謝』だと思います」。

そうしたら、その部長さんは、すごい言葉で答えたそうです。「感謝という文字が辞書にあるのは知っているけれど、自分の頭の中に感謝という概念がとどまっていたことは、今までの生涯で１秒たりともなかった。全部自分の力でやってきたと思っていた」。

小林氏は、馬車馬のように働いてきた部長さんに、「感謝が足りなかったのではありませんか」と言っただけでした。

やはり感謝の心は、健康になるだけでなく、人生を歩んでいく上でも、ミラクルパワーを起こす黄金の言葉です。改めて、心の底から感謝することの大切さを教えてくださいました。

6. B社長からの贈り物

20年数年前の話ですが、当時のB社長が経営されている会社を紹介いただきました。建設業の許可と経営事項審査の仕事です。

約束の日に伺うと、B社長は急用ができて留守でしたので、経理部長が丁寧に対応くださいました。応接間で延々２時間ほど、３期分の決算書と現時点の試算表を示されて、会社の内容を説明くださいました。

その試算表を見て、びっくりしました。明日にも倒産してもおかしくないほど、大赤字です。初対面の私に、このような話をされることは、初めての経験でした。少し失望しながら、その日は帰りました。

後日、約束の日に伺うと、B社長はまた不在でした。この日も経理部長が対応くださり、また同じような内容の話になりました。「うちの顧問税理士は何の相談にも応じてくれません。帳面付けは社内でやっていますし、年1回の決算だけで、毎月20万円も支払っています」。「先生は、どのように思われますか」と、相談を持ち掛けられました。

「ここの社屋は、最近購入された自社物件とお聞きしましたが、今すぐにでも売却されることが賢明です。その他諸々の対応策も提案しますが、詳しくは社長さんのいらっしゃる時にお話しします」と言って、その日も帰りました。

三度目にやっとB社長に会えました。応接間に案内されるや否や、「社長、このままじゃ倒産です。自社物件をすぐに売却するなり手を打たないと、おそらく3ヶ月は持たないでしょう。誠に失礼ですが、私の正直な感想です」。

「よくぞ言ってくれました。こんなにずばり言ってくださる先生は初めてです。嬉しいです。感動です。私も多くの先生方と交流を持っていますが、殆どの先生はうわべばかりで本音の気持が伝わってきませんでした。本当に先生みたいな方は初めてです。実は私も全く同じことを考えていて、今後の対応策を弁護士を通じて走り廻っていました。二回も約束を破り大変失礼いたしました」。

「今、この会社を整理するなりして、別会社を2社立ち上げる準備をしています。それぞれの会社を大番頭と小番頭に譲り、私は退くつもりをしていますが、彼らが一本立ちできるまで応援していくつもりです。建設業のことは一切、先生にお任せします。これからも建設業以外にも相談にのってください。先生のことが気に入りました。よろしくお願いします」。

その後も、様々な相談を受けるたびに心から対応させていただきました。益々、B社長に気に入られ、2社の従業員採用の面接に立ち会ったこともありました。

B社長は、すぐに本社社屋を売却され、残務整理に奔走されました。詳しい話は省きますが、相当、ご苦労もあったようです。

以来、2社の建設業の許認可と経営事項審査の仕事をさせてもらっています。あれから、何か事あるごとに相談を受けますが、B社長の素晴らしいところは、自分はどうなってもいい、従業員を非常に大切にされていましたので、B社長のご苦労が昨日のように思い出されます。

「自分の道楽三昧で、自分の会社を潰してしまいました。これは自業自得と言うものです。全部、私の責任です。もう少し早く先生に出会えていたら、この会社も変わっていたかも知れませんが、これからは先生と一緒です。何より嬉しいです」と、目に涙を浮かべながらおっしゃいました。私も嬉しくなって目頭が熱くなりました。

この時ほど、心を込めた仕事を続けてきて、嬉しかったことはありません。いつの日か、B社長と我俺の仲になり、語りあえるようになりました。

7．汗をかく、冷や汗もかく

得意先のK社長のお話です。

K社長は、元々「S社長からの贈り物」で紹介したS社長の従業員でした。S社長は自分の会社を閉鎖し、新たにH社を設立されました。H社の社長に就任されたのがK社長でした。S社長に見込まれて、28歳の若さで社長業がスタートしました。S社長の従業員23名がH社に転籍となり、K社長より年輩の方ばかりでした。

その後、順調に業績を伸ばされて、現在では、地元有力会社の1社になりました。お世話になって22年目になりますが、この間、多くのご苦労があったと思われます。ご自分より10歳も20歳も年上の従業員さんと一緒に仕事を進めていくには、尋常な精神では乗り超えられません。多くの葛藤もあったことでしょう。眠れない日々もあったことでしょう。

最近、K社長ご自身の相談を受けた時に、会社経営について尋ねてみました。

「K社長、会社経営で一番大事にされていることは何ですか」

「やっぱり、汗をかくことです。まず、私自ら汗をかきます。協力会社さんに頼るばかりでなく、自社のメンバーも汗をかくように、いつも言っています」

「汗をかくことですか」

「そうです。汗をかいて、えぇ仕事してもらいます。やっぱり、汗をかかない人間はあかんし、すぐに辞めます。良い汗をかいてもらいます。私なんか、冷や汗も多くかいてきましたが」

「冷や汗ですか」

「そうです。冷や汗の連続みたいな男ですわ」

「ところで、若い頃は年輩の従業員さんばかりで、大変だったでしょう」

「いや、そんなことはありません。私は恵まれています。結構、かわいがってもらいました。恵まれています。従業員にも、協力会社さんにも、お得意さんにも、多くの方に育ててもらいました。そうですねぇ、感謝ですか。感謝の一言に尽きます」

「そりゃ、腹の立つことも結構ありました。その時に従業員の良いところを見ようと努力してきました。経営の難しいことは分かりませんが、これだけは大事にしてきたつもりです」

「そうですか。良いところを見る。感謝を忘れない。冷や汗を多くかいてこられた甲斐がありましたね。これが繁栄発展の秘訣ですね」

Ｋ社長のように、多くの冷や汗を良い方向に向けられた結果、「感謝」という真心が生まれてくることを知りました。いつも感謝を忘れない経営者は、従業員さんも周りの方も応援してくれます。若い社長であっても、本気で接してくれます。冷や汗も感謝の入口であり、忘れられない一日になりました。

汗をかく、冷や汗もかく。Ｋ社長、ありがとうございます。

8．悪運を強運に変える社長

義理と人情に厚いＴ社長のお話です。

Ｔ社長は「いつも仲間うちに助けてもらっています。仲間うちの人間を大事にしています」。彼の経営信条です。仲間うちとは、お客さん、従業員さん、協力会社のことでしょう。「仲間うちを大事にされている」Ｔ社長らしい表現ですね。

酒に強いが女に弱い。特にべっぴんさんに弱い。男らしく筋を通す「親分肌」の社長です。ところが「お人好し」な一面もあるようです。私の勝手な人物評価です。人情が厚すぎるのか、何の疑いも持たずに人を信用されます。彼の良いところですが、よく人に騙されているようです。創業から40年以上になりますが、ご自身で「悪運に強い男」と言われます。お会いするたびによくおっしゃいます。

お世話になって30年になりますが、15年前のことです。

上場されている某会社の下請工事をされました。工事完了にも関わらず、難くせをつけて塗装代金を払ってくれません。社長は、何度も担当者に掛け合われましたが、代金回収ができません。かなりの工事金額でした。

当時の担当者から、「お前の会社が倒産しようが、現場監督がどうなろうが、俺の知ったことではない」と罵るような言い方です。社長は激怒され、「それでも人間か。お前では話にならん」と一喝されました。某社の担当者らは、自分の保身ばかりで話にならなかったようです。そこで、T社長は、本社の社長宛に手紙を書かれました。

後日、手紙の効果があったのか、なかったのか、担当者から工事代金の一部を支払うから、これで治めてくれとの内容でした。それは工事代金の三分の一程度の金額でした。これでは話にならず、T社長は裁判に訴えました。

ざっと、このような事件内容です。その後、この件で私の方にも相談があり来所されました。

じっくりと事件内容を聴いたあと、T社長に尋ねました。

「社長の話を聴いていますと、先方の某社が一方的に悪いように感じましたが、こちらの方にも、現場ミスや落ち度はなかったのですか」

「何もありません。一方的に某社が悪い。はなから難くせばかりつけて、現場で働く職人を人間扱いしていないんですよ。お金のこともありますが、先生、どう思います」

「社長の気持ちは分かりますが、それでも何かあるでしょう」

「朝から晩まで、現場に詰めていたわけではないので、私の知らないところもあり、全くないとは言い切れませんが」

「そうですか。裁判資料を見ますと、某社からの注文書がなく、口頭のやり取りで塗装工事を進めているようです。某社のやり方に疑問を持ちますが、注文書をきちんと請求しなかったT社長にも責任があると考えます。建設業の一番大事なところがおろそかになっていますね。裁判では、確実な証拠がなければ代金回収が難しいのではないですか。もちろん、現実に工事をされていますので、出来る限り証拠になる資料を提出することだと思います。裁判って、そんなところがあるようです」

「そうです。わざと注文書を発行しないいんです。詐欺行為に近いです。できる限り立証できる資料を集めます」

「ところで、社長、先ほど私が、こちらの方にも何か落ち度はありませんかと尋ねたのは、具体的な話ではありません。裁判の内容でもありません。このような事になった根本的な話です」

「はぁ、よく分かりません」

「今回の事件ですが、社長自身が呼び寄せているというか、社長ご自身の想いの中にも原因があるように想います。裁判は裁判で法的に進めていかなければなりませんが、違う角度から会社経営を見直す機会を与えてくれたのではありませんか。このような考え方はできませんか」

「いい加減にしてください。俺のどこが悪いんですか。俺の想いのどこが悪いんですか。確かに俺は悪運に強い男ですが、こんなふうに言われるのは心外です」

社長は怒り出しました。

「社長、それですよ。悪運ですよ。怒らないでください。悪運をご自身で呼び込んでいるのです。悪運に強いことは良いですが、いつも「俺は悪運に強い」と言葉に出されているでしょう。これが問題なんです。悪運が潜在意識を混乱させているんです」

「潜在意識、何のことですか」

それから1時間ほど、T社長に潜在意識の話をさせていただきました。怒りも治まり、真剣に私の話を聴いてくださいました。

以来、Ｔ社長から「悪運に強い男」の言葉は聞いていません。ご自身の想いをプラス思考に変換されたようです。悪運を強運に変え、いつもの親分肌で、強運を呼び込んでいます。その後、Ｔ社長の会社は、すごい勢いで繁栄発展されています。

Ｔ社長いわく「あれから、良い仕事先が増えてきました。喜んでおります。今では、強運に強い男と思っています。ありがとうございます」

悪運に強い経営者が、潜在意識という応援団を持てば、強運を呼び込む力も相当強いようです。潜在意識が善回転からフル回転を始めました。より一層の繁栄発展を願っています。

9. お人柄の良さが10億円の元請工事につながる

Ｈ社長は木造建築の専門家ですが、蔵の営繕工事や指物師のように建具工事も手掛けられている名大工さんです。素敵なお話が三つあります。

一つ目は、大工の腕とお人柄の良さを見込まれて、何と10億円の高齢者住宅を受注されました。宮大工に近い棟梁の下で20年以上も修行を積まれ独立されていますので、仕事にかける情熱は目を見張るものがあります。その上、お人柄も極上で、多くの方から愛されています。

10億円の元請工事は、小学生時代の友人からの依頼です。余程、信頼関係で結ばれているのですね。独立されて20年近くなりますが、H社長ご自身もびっくりされています。普通はあり得ないことです。H社長のお人柄が引き寄せたと思っています。すごいことです。

二つ目は、屋根工事のお話です。

建設業者は、毎年の決算変更届（業務報告）を役所に提出します。その中に1年間の工事経歴書を添付して報告します。H社長の会社は、建築工事で許可を得ていますので、一般的には屋根工事を工事経歴書に載せることはできません。普通は、屋根工事は専門工種の範疇に入り、建築工事に該当しません。瓦の葺き替え等が屋根工事の一例です。

ところが、H社長が施工された屋根工事は、単純な屋根工事ではありません。重量もかかり躯体（くたい）部分も補修し、庇（ひさし）も、壁部分も補強しなければなりません。その他、家の大半に影響してくる工事でした。なるほど、注文書に屋根工事と書いていますが、通通の屋根工事とは違いました。

役所の方は、最初は「これは建築工事には該当しません。屋根工事ですから、その他工事に載せてください」と否定されました。H社長は引き下がりません。見積書と図面も提出されて、自信を持って説明されました。確かに見積書と図面を見れば、単純な屋根工事でないことがすぐに判明し、役所の方も納得されて建築工事を認めてくださいました。

新築工事や躯体補修が伴うリホーム工事は、文句なしに建築工事と判断しやすいのですが、単純に注文書に屋根工事と書かれていては、誤解しやすいです。躯体補修等を含んでいるリホーム工事と同様に判断するのが妥当です。さすが、H社長です。私も非常に勉強になりました。

三つ目は、最近、自宅兼会社の事務所を新築され、まもなく完成予定です。何とその中に露天風呂を設置されました。サウナ付きです。H社長に尋ねました。

「なぜ、露天風呂を作られたのですか」

「土曜日の週一回ですが、従業員の癒しと自分の癒しも含めて作りました。私も長い間、職人生活をしていましたので、職人さんの気持ちが痛いほど分かります。土曜日の午後にみんなで裸になって、同じ目線で、体と心を癒す空間がほしかったのです」。

H社長の深い思いやりが伝わってきます。10億円の仕事も、屋根工事の話も、露天風呂の設置も、すべてH社長の良き人柄と仕事への情熱がなせる業です。これも社長に欠かせない素敵な要素だと思います。

10. 逃げ隠れせず、正々堂々と

1年前に建設業の許可が切れ、G社の社長から電話がありました。事情があって会社を閉めました。今は表に出ることができず、自分は行方不明の状態になっているとおっしゃいます。

新しく会社を準備中で、知り合いを代表に立て、建設業の許可をとってほしいとのこと。自分はどうしても表に出ることができません。もちろん、10年以上も建設業の経営をやってこられたので、G社の社長には許可要件があります。

しかし、新しい会社の取締役にも就任できないから、違う方を経営管理責任者にもってこないと、許可要件がないことになります。今度の新会社の代表者にも許可要件がないようです。

「どうして表に出られないのですか?」私は尋ねました。

「銀行、保証協会などの返済をストップして、逃げています。行方がわからない状態になって、表に出られません」

「表にでられないのではなく、出たくないのでしょう。逃げ隠れしても、事が前に進むのですか。銀行関係の借金だけなんでしょう。どうして逃げるのですか」

「新会社の代表者になって、正々堂々と交渉すればいいじゃないですか。そうすれば、建設業の許可も取れるし、反対に信用されますよ。デメリットは当分の間、銀行関係から融資を受けられないだけですよ」

「逃げたって道は開けることは絶対にありません。正々堂々と生きていけばよいじゃないですか。逃げる人間に誰も手をかさないと思いますよ。辛いけど、まともにぶつかっていった時に、本当に応援してくれる方が現われます。いい勉強をされたのだから、今度は二度と借金しないような会社にすればよいではありませんか」

「社長が生まれ変われば、新しい会社も蘇ります。アグラをかいていたから会社がダメになった。ならば、それを教訓にして再生すればよいだけです。まず社長からです。それには逃げ廻らず、正々堂々と頭を下げて、長く交渉していけばよいでしょう。命まで取られることはないと思いますよ」

「どんなピンチも自分の肥やしになります。それを己の糧にした者だけが、真の経営者になっていきます。そこに光が輝きだし、良い応援者が現われます。逃げていたら、ロクな人間ばかりと縁をもち、真の意味で幸福になることがありません」

このような話をG社の社長にしました。

社長は答えました。「目が覚めました。すぐに今進めている会社の代表に就任します。許可の件、よろしくお願いします」

11. 信頼の一言

お世話になって40年になります。F社長のお話です。

毎年の年賀状に、心温まる一言を手書きで添えてくださいます。全面印刷の味気ない年賀状よりも、F社長の一言が琴線に触れ、年の初めに喜びが増幅されます。

建築工事の専門業者です。工業高校の建築科を卒業されて、中堅の某建築会社に勤務され、現場監督の経験を活かされて、40年前に独立されました。ものすごくキップのいい社長です。

小さなプレハブの事務所からスタートされ、20年前に2階建の自社社屋を建築されました。現在は、地元でナンバーワンの建築会社に繁栄発展されています。

当時のプレハブ事務所に伺うたびに、事務所内は書類の山です。電話がかかってきます。また電話です。また電話です。F社長の商魂逞しい波動が伝わってきます。毎年、お伺いするたびに売上が増え続けていきました。

F社長が某建築会社で現場監督をされている時の話を、違う方から教えてもらったことですが、それは「すご腕の現場監督」だったと話されます。また、某建築会社も従来から知っていましたので、この社長さんも、「Ｆの現場は、安心して任せることができる。鬼より怖い監督ですが、大工さんをはじめ職人さんの面倒見は、私も真似ができないぐらい思いやりに溢れています」。

このお言葉どおりのＦ社長でした。ある時、Ｆ社長に尋ねました。

「会社経営で一番大事されていることは、どのようなことですか」

「信頼です」。信頼の一言。「もう少し詳しく教えてください」

「自社が今日までやって来られたのは、従業員をはじめ、お得意さん、協力会社、応援してくださる方々の信頼のお陰です」

「もちろん、感謝があっての信頼です。感謝です。思いやりです。感謝も大事ですが、やっぱり、思いやりを一番大事にしています。偉そうな言い方ですが、思いやりのない経営者は、会社を潰しています。多くの事例を見てきました。特に現場で働く人を大事にしない経営者は、ダメですね。サラリマン時代から、いろんな現場を経験してきましたが、思いやりのない現場代理人や人扱いしない経営者は、信頼できません。だから、信頼関係を築けない現場は、どこかで収斂され消えていきますね。やっぱり、信頼です」

「信頼関係があれば、競争相手もなく、特命で大きな工事が決まることもあります。やはり、信頼関係を築いていくことが、経営では一番大事なことだと思います」

深い思いやりと感謝が信頼関係を築いていきます。会社経営の極意ですね。言葉を換えれば、「愛、素直な心、感謝、謙虚」を忘れないことが、繁栄発展を呼び込みます。

12. C社長の魅力

得意先であるC社長のお話です。お世話になって30年になります。

C社長の設備会社は、地元で信頼されている優良会社です。営繕仕事は土日に関係なく施主さんの都合で対応されます。蛇口の取替え、お風呂やトイレの水漏れ、シロアリ駆除など三千円、五千円の営繕仕事を最も大切にされています。

「お客様が困っている時に、いかに早く行く事が大事です。故障箇所が直る、直らないは二の次です」。これがC社長の経営信条の一つです。

最初から大きな工事を求められません。なぜならば、大きな工事は競争相手があり、必ずしも自社が成約するとは限らないからです。それよりも、小さな営繕仕事でも、お客さんに喜んでもらえる仕事に力点をおかれています。このように小さな仕事を積み重ねられてきました。

「どんな小さな仕事でも、やがて、そのお客さんの大きな仕事に膨らんでいきます。あるいは、そのお客さんの紹介で大きな仕事を紹介くださいます。その時は競争相手もなく、大きな仕事を受注できます」

「なるほど、すごいですね」

誰も見向きもしない、邪魔くさい仕事を丁寧にされます。確かに三千円、五千円では赤字ですが、これを最も大切にされます。こういうお客さんのリストが数千件もあるそうです。その中のお客さんから大きな仕事が入ります。すべて施主さんからの元請工事ばかりです。このような経営方針で、C社長の会社は繁栄発展を築いてこられました。

まさに特命発注ですね。施主さんとC社長との信頼関係がなければ、特命発注になりません。無欲の大欲ですね。このような考え方が、C社長の会社経営に活かされているのですね。なかなか、こういう考え方はできません。

もう一つ、いつも大切にされていることがあります。

C社長は、工事現場に誰よりも早く出勤され、仮設トイレの掃除や現場の清掃をされます。また、機械工具の手入れや重機の洗車もされます。一日も欠かされたことはありません。工事現場で働く職人さんらは、社長の姿に親近感も生まれ感謝されます。そうすると、現場の人間関係がスムーズに運びます。

C社長は、これらのことを期待されて、毎朝早く出勤されているわけでなく、「自分自身を戒めるためにやってます」と、おっしゃいます。もちろん、職人さんの気持ちが痛いほど理解されている思いやりの深い経営者です。

社長や現場監督の多くは、職人さんのように襖貼りや畳工事も出来ません。大工仕事、左官工事、防水工事なども施工することは出来ません。しかし、現場作業に携わる人たちに指示、命令し、指揮監督をしなければなりません。現場で働く人たちに、気持ちよく、仕事を進めてもらわなければなりません。

工事現場を効率よく進めていくためには、次のようなことが基本となるでしょう。

お客さんに喜んでいただいて顧客満足を高めること。適性利益を出すこと。協力会社にも利益を提供できること。可能な限り短い工期で施工すること。無事故、無災害で施工すること。近隣の人たちと調和していること。自然環境を保全すること。働きやすい現場で従業員の満足度が高いこと。どれ一つとして、おろそかにできません。

しかし、優先順位があります。「お客さんに喜んでいただくこと」と「働きやすい現場創り」を最優先されています。

C社長は、いつも言われます。

「施主さんに喜んでもらえる仕事を優先します」

「それには、働きやすい現場創りが一番大事です。なぜならば、自分がいない時に、施主さんにきちんと対応できる従業員がいてくれると安心できるからです。確かに、品質、原価、工程、安全、環境に関する「技術力」も大事なことですが、施主さんに満足してもらえない工事はダメです。施主さんに喜んでもらえることが何より優先します。そう意味でも、施主さん、近隣、協力会社さんに対する「対応力」も含めて、働きやすい現場創りを目指しています」

「社長ですから、いくらでも偉そうに言えます。ダメな人間をいつでも首にできます。そんなことをしても誰も得しません。働きやすい現場を大切にしています」

お客さんに喜んでもらえる小さな仕事と、働きやすい現場創りには、相通じるものがあります。大切な共通点があります。それは、お客さんという人の心と、現場で働くという人の心を、何よりも大事にされているからでしょう。

確かに、適性利益を出すこと。協力会社にも利益を提供できること。可能な限り短い工期で施工することなども大事なことです。また、顧客満足を高めることも重要なことですが、一人よがりの顧客満足になっていないかの点検も必要になります。

人の心を一番大切にされるC社長に感謝です。

13. 喜ばれる存在になること

小林正観氏の「ありがとうの魔法（ダイヤモンド社）」からのお話です。

あえて長くなりますが、引用させていただきます。お許しください。

「私には、知的障害を抱えた長女がいます。彼女は、普通の子どもよりも筋力が足りないため、早く走ることができません。運動会の徒競走では、いつも『ビリ』です」

「彼女が小学校6年生のとき、運動会の前に足を捻挫してしまった友だちがいました。長女はこの友だちと一緒に走ることになっていたため、私の妻はこう思ったそうです」

「友だちには悪いけれど、はじめて、ビリじゃないかもしれない…」

「運動会を終え、妻はニコニコしながら帰ってきました。私は、『ビリじゃなかったんだ』と思ったのですが、『今回も、やっぱりビリだった』というのです」

「今回もビリだったのに、どうして妻は、いつも以上にニコニコ嬉しそうにしていたのでしょうか」

「徒競走がはじまると、長女は、足を捻挫した友だちのことを何度も振り返り、気にかけながら走ったそうです。自分のこと以上に、友だちが無事にゴールできるか、心配だったのでしょう」

「友だちは足をかばうあまり、転んでしまいました。すると長女は走るのをやめ、友だちのもとに駆け寄り、手を引き、起き上がらせ、２人で一緒に走り出したそうです。２人の姿を見て、生徒も、保護者も、先生も、大きな声援を送りました」

「そして、ゴールの前まできたとき、長女は、その子の背中をポンと押して、その子を先にゴールさせた…というのです」

「この話を聞いたとき、私は気がつきました。人生の目的は、競い合ったり、比べ合ったり、争ったりすることでも、頑張ったり努力をしたりして『1位になる』ことでもない。人生の目的は、『喜ばれる存在になること』である」

「私は、そのことを長女から教わりました。そして長女は、そのことを教えてくれるために、私たち夫婦の子どもになったのだと思います」


このくだりを読んで、感動のあまり涙がこぼれ落ちました。多くの書物を読んできましたが、この時ほど泣けたことはありません。小林正観氏から素晴らしい贈り物を頂戴しました。

ひるがえって、経営の極意は「喜ばれる存在になること」だったのです。お客さんに喜ばれる。従業員さんに喜ばれる。協力会社さんに喜ばれる。みんなに喜ばれる。これに尽きます。

経営だけではありません。人間関係においても、家族関係においても、あらゆることにおいても、「喜ばれる存在になること」を教えていただきました。ありがとうございます。

14. 謙虚さの底力

謙虚の大切さを教えていただだいたのは、高校1年生の時です。当時の現代国語の森沢先生から教えていただきました。人間にとって大切なことは多々ありますが、その中でも謙虚になることが非常に大切であると教えていただきました。

それまでは、謙虚という言葉は知っていましたが、人間として「謙虚」に生きていくことが、とても大事なことであることを初めて知りました。以来、自身の戒めとして、また、自身のバイブルとして、謙虚さを心がけて来たつもりです。この謙虚さを思い出すだびに森沢先生のことが浮かんできます。森沢先生から、この謙虚さという大切なことを教えていただきました。

人間は往々にして傲慢になりがちですが、森沢先生のお陰で、謙虚さを知ることができました。その時は、おそらく謙虚さの本当の意味をつかんでいたとは言えませんが、森沢先生が「謙虚さ」を力説されたことだけは、昨日のことのように覚えています。

私の人生にとって「謙虚さ」が、一つの転機だったとも言えます。その後、年齢を追うごとに謙虚さの重要性が、ますます大事であることが分かってきました。私自身は、謙虚さを語るほどの人間でありませんが、人間にとって重要な精神的態度や、精神的な考え方だと思っています。

自分のことを棚にあげて、本当に謙虚な方は少ないように思います。

謙虚さは、自分に求めるものであって、他人に対して、どうのこうの言うべきものではありませんが、ひとつだけ書かせていただきます。

その謙虚さは、講演会の講演者の態度に自ずから現れます。昔、ある大学の女性教授の講演会に行った時の話です。前の席にいましたので、講演会が始める前から、その講演者の態度が気になって、いやな感じを持ったものです。

その女性教授は、会場を見渡しながら、どんな聴衆が来ているのか、何とも言えない態度で聴衆を見ていました。一言で言うと、傲慢な態度で聴取を見ているのです。謙虚さのかけらもないぐらい傲慢な態度に見えました。

この時に、あぁ、これが謙虚さのない人かと感じました。謙虚さがない態度は、その人から出てくるものだと、つくづく感じたものでした。その方の講演も聞かずに、会場を出てしまいましたが、傲慢な態度が体中から出ていたように感じました。

その反対に、非常に謙虚な方の講演会は、気持ちが良いものです。話の内容もさることながら、講演者の謙虚な姿勢にほだされます。こういう謙虚な方の講演会に何度も接することができて、ますます、謙虚さというものを大事にするようになりました。

稲盛和夫さんの著書に「経営」という書籍があります。すばらしいお話がたくさん書かれていますが、最後に「謙虚にして驕らず」という言葉で締めくくられています。さすが稲盛さんですね。謙虚さの底力を感じます。

15. 社長が最高の経営コンサルタント

遺跡発掘工事の専門業者であるG社のお話です。40年近くもお世話になっている超優良会社です。先代の社長さんがお元気な頃に、お嬢さんの専務さんが経営コンサル業者に、経営指導を依頼されました。殆ど専務さんの独断で実行されましたので、父親の社長は猛反対でした。

しばらくして、社長から電話を頂戴しました。

「先生、何とかして、娘に言ってください。今の経営コンサルを断るように。お願いします」

「社長、突然にどういうことですか。今の経営コンサル業者がダメなんですか」

「そうなんですよ。娘も娘ですが、大手会社の真似をして、経営コンサルタント業者を頼みました。ところが、くだらん社内規程を次から次へ作るだけで、何のアドバイスもありません。私は納得がいかないんです。娘に言うてください。やめるように」

「近々、建設業の更新で伺う予定をしています。その際にじっくりお話を伺います」

「先生、頼みます」「承知いたしました」

後日、社長さんと専務さんを交えて、経営コンサルなどの話をさせていただきました。

なるほど、社長さんのおっしゃるとおり、山ほどの社内規程を見せてもらいました。正直、今のG会社には不要な規程集ばかりでした。私自身の印象でも、あまり優秀なコンサル業者とは思いませんでした。そこで、専務さんに尋ねてみました。

「専務さん、このような社内規程ばかり作られて、本当に会社が発展していくと思いますか」

「いつもお世話になっている大手会社からの紹介でもあり、断りきれず、お願いすることにしました。私の勉強だと思い契約し、二ヶ月前から来てもらっています。しかし、期待していたほどのこともなく、落胆しました。でも一年契約してしまいました。今さら、どうしようもありませんが、契約更新はしません」

「そうだったんですか。一度、解約の話をされてはいかがですか。ダメもとで」

「分かりました。一度、掛け合ってみます。それにしても、経営コンサルって、こんなもんですか。先生がいつも言ってくださる『ダム経営』の方が、よっぽどタメになります」

「専務さん、経営コンサルも様々で、優秀な先生もいらっしゃいます。しかし、これは一般論ですが、経営コンサルの90％はよくないケースが多いらしいです」

「私の持論ですが、中小零細の場合は、社長ご自身が最高の経営コンサルタントなんですよ。もちろん、専務さんも同じことです。社長さんと専務さんの二人三脚で、ここまで苦労されて、繁栄発展されて来たんです。社長さんも専務さんも毎朝4時に起床されて、職人さん達のお茶の準備をされて、現場に送りだされます。会社のことを一番理解されているお二人こそ立派な経営コンサルタントです」

コンサルの件は、一段落がついたので、私は良い機会だと思い、改めて「ダム経営」の話を真剣にさせていただきました。

以来、特に専務さんは「ダム経営」を実践され、数年で無借金経営の会社になりました。その後も本気になって「ダム経営」を実践されました。20年近くで、見事な「ダム経営」の会社に成長しました。詳細は省きますが、元々、優秀な会社でしたから、当然と言えば当然です。

従業員が何百人、何千人もいる会社の場合なら、優秀なコンサル業者も時には必要でしょうが、中小零細に関しては、社長が最高の経営コンサルタントです。社長の一言ですべてが決まります。ここが中小零細の良いところでもあり、下手すれば悪い方向に進む場合もあります。気を付けてください。ダム経営を本気になって実践されれば、経営コンサルタントは不要だと考えています。社長が最高の経営コンサルタントです。

16．会社の中に利益はない

会社の内部に利益はありません。会社の外に利益があります。お客さんの方を向いてください。そこに成果があり、利益があります。

会社内部の生産性を上げるような能率を追求する経営方法には、会社を発展させる力はあまりありません。世の中の経営コンサルタントが、しきりに生産性を上げよとか、能率を高めよと言いますが、会社の内部に利益もたらす要因は少ないです。

社長は、能率の力の限界をよくわきまえる必要があります。確かに、能率は重要です。しかし、会社を発展させる力はありません。あるのは、会社の業績低下のスピードを遅くするだけです。世の中には、能率病にかかって低い業績に泣く会社が多くあります。

建設業者の社長も士族も、職人肌が多く、営業が苦手です。だから、会社内部のことばかりに目がいきます。内部でお金儲けができるのは、高々上下5％程度です。会社の利益は外にあります。お得意さんにあります。穴熊社長では、会社に利益をもたらすことはできません。

会社を発展させるのは、内部の能率主義を高めることではなく、収益性に目を向けた「効率主義」に徹底した営業活動です。

過去にお世話になったお得意さんを、1件1件廻ることから始まります。お得意さんと接することにより、お客さんの悩みがわかり、最新の情報を得ることができるからです。そこに仕事が発見できます。廻ってみて、初めて体現できるものもあります。

建設会社の社長は、営業が苦手です。しかし、その営業をしないと「経営者」とはいえません。中小零細企業は営業マンを雇うだけの余裕がなく、社長が営業マンに徹しなければなりません。社長の仕事は、「メシの種を引っ張ってくること」と「給料を払うこと」です。まさに営業に力を入れてください。苦手な営業を克服することが、会社を救うことになります。

外に出て、智慧をしぼり、次から次へと、お世話になったお客さんのところを走り廻ってほしいです。それだけでも、新たな発見が生まれ、新しいアイデアが出てきます。新しい人材が生まれ、新しい仕事が発掘されます。まずは行動から。行動は感情を育て、やがて新たな行動へと展開していきます。やれば分かります。やれば出来ます。

17. 社長は奇跡を起こせ！

売上が半減しています。建設業に関連のある新規分野への進出を計画しています。いろんな改革を模索しています。いずれにせよ、会社経営に悶々とし、資金繰りに悩んでいます。何かにチャレンジしたい、経営を立てなおしたいと思っています。

そういう時は、すべて白紙に戻し、過去、多くの方にお世話になったことを思い出してほしいです。心静かにして、自分の魂を透明にして、感謝の思いで、会社の半生を振り返ってください。

今も、これからの経営維持も、お客さんあっての商売であり、その意味を噛みしめてほしいです。ならば、開業当時の苦労や寝食を共にした仲間達のことを、親や奥さんや身内に心煩わし、苦労させたことを、一つひとつ、走馬灯のように再現しましょう。すばらしい後ろ盾に支えられていた時のことを、己のスクリーンに描き出してください。

過去、どれだけ多くの方の世話になり、どれだけ多くの方の愛情を受け、育てていただき、己の成長がありましたか。一晩でも二晩でも、日々の煩わしさから離れて、反省してほしいです。そして、反省から発展に向けて、突き進んでください。

そうです。今からでも遅くありません。お世話になった既存の得意先、疎遠になっているお客さん、昔、大変お世話になった方。あらゆるお世話になった方の所を廻ってください。まわりまわり廻ってください。

心を込めて、魂を入れなおして、廻ってください。一からの出直しです。再出発のつもりで、得意先まわりをします。それも一度や二度ではダメです。2年も3年も、5年、10年と廻り続けることで道が広がり筋がとおります。飛び込みのセールスではありません。既にお世話になった得意先です。お人柄もその方の特徴も理解しているはずです。何の苦労があろうか。お客さんまわりに徹底なさってください。それが社長の仕事です。

継続は力なりを飛び越えて、宝になります。首から上は理解しています。みんな、分かっています。しかし、首から下は分かっていません。本当に腹に落ちていません。なぜならば、行動に移さないからです。実践しないから理解できません。やれば分かります。体を動かせば、必ず分かります。

必ず新しい発見があります。新しいアイデアが生まれます。新しい智慧が出てきます。新しい心構えができます。新しい行動規範ができます。新しい勇気が湧いてきます。元気になります。健康になります。従業員が変わり、やる気を起こし、蘇ります。モーションはエモーションを生み、エモーションはモーションを起こします。情熱が溢れだし、感情が高ぶり、行動力が増します。

何度も言います。くどいほど言います。1回や2回ではダメです。続け続けなければなりません。時には罵られるかもしれません。唾をかけられるかもしれません。それで挫折したり、あきらめたりしないでください。それでも屈しないでください。屈託ない大きな心で実践し続けます。それが社長の使命であり、まさに社長の仕事です。ほかの誰にも譲れない社長が担う仕事です。その時に奇跡が起きます。奇跡の連続になります。建設業の社長は職人肌が多い。頭を下げることを知りません。営業が苦手です。苦手なんて言っていられません。苦手を克服しない限り、建設業の未来はありません。

飛行機もテイクオフする時には、ものすごい燃料を消費し、猛烈な勢いで滑走路を走り過ぎていきます。ある一線を超えるまでは、異常なぐらいエネルギーを出します。

神経質になるぐらい身も心もヘトヘトになります。それぐらい心を砕いてください。眠れない日々が延々と続きます。このままいけば、歯もガタガタになり、肉体の一部がおかしくなり、病気をするぐらいまで続きます。その時に、奇跡が起き、溢れだし、奇跡の連続が始まります。

こまめに、屈託なしに、圧倒的善念で、得意先まわりをすれば、今の売上高の1割や2割の仕事は必ず確保できます。行動を起こしてください。今すぐに立ち上がれ。奇跡が必ず起きます。奇跡が奇跡を呼びます。奇跡を呼ぶ力が増幅されます。まこと、奇跡が起きます。人間の心は、魂はそのようにできています。人間の力や燃える勇気や行動力は、まこと、百倍、千倍、万倍の力を発揮します。だからこそ、今すぐ行動を起こしてください。

単なる表敬訪問であってはなりません。愛想だけの得意先まわりも大事ですが、あまり効果がありません。何か手作りのグッズを持って挨拶しましょう。営業スールを考え出し、智慧をしぼり創ってほしいです。介護関係のリホーム。耐震を考慮したカラーの３Ｄ。環境を追求した新築工事や営繕工事。何でもよいです。インパクトを与えるもの。お金をかけずに、今すぐ創りましょう。口だけでは説得力に欠けます。目に訴える資料や興味ひく物を創りあげてください。売れる営業カバンの中にそれらの宝物を入れて、得意先まわりをしましょう。営業グッズは、営業力を増し、お客さんを呼び込む力になり、説得効果が倍増し、必ず成約します。

今こそ、初心にかえり、苦労した日々を思い出し、褌（ふんどし）を何回も何回も締めなおして、行動を起こしてください。方向づけや戦略や戦術は後追いでよい。まず動きまわることです。外に出ることです。利益（儲け）は会社の中にありません。外にあります。

「儲け」は、信じる者と書きます。人を信じる時に奇跡が起き、利益があがります。お客さんを心の底から信じる時に、触れ合う回数が多いほど、初めて儲けが発生してきます。儲けるとは、そういう意味があります。人間の魂を奮い立たせ、行動した時に、初めて儲けが与えられます。だから、真剣に、真心を込めて、得意先まわりに徹することです。中途半端が一番ダメであり、腐敗退廃への坂道を転げ落ちていきます。

心より期待しております。みんな同じ境遇にあり、血の吐くような努力をされています。奇跡を起こしてください。万感の想いをこめて、奇跡を起こしてください。

あとがき

読者の皆様、ありがとうございます。最後までお読みいただき、心より感謝いたします。日本橋出版の大島拓哉社長はじめ編集者の皆様、ありがとうございます。感謝感激です。得意先の社長さん、従業員の皆様、貴重な体験談に感謝いたします。

ダム経営を実践し、専門性を極め、誠実に、正直に、感謝を忘れず、謙虚に、蓄積の部分を深められています。喜びも悲しみも超えて、富とも言える「人」「物」「金」を最大限に活かしながら、深い愛情でもって経営されている会社は、繁栄発展を続けておられます。

利益を上げ、余剰金を増やしていくことは、誰でも知っています。増資をすれば、資本金が増え、バランスが良くなり、経審がアップすることは、みんな考えています。実行できないだけです。なぜ実行できないのか、お金がないからです。

それを達成するには、経営者のマインドを変え、達成させる情熱と中長期的な努力で可能になります。その一番最初の経営者のマインドを変えない限り、次に進むことができません。その最大のネックが納税意識です。この納税意識を変えない限り、経審アップや分析アップなど、真の対策とは言えませんと述べました。

しかし、経営者のマインドを変え、納税意識を高められた経営者がいらっしゃいます。そうです。この書籍で紹介しました経営者です。

「きたない、おそい、いいかげんの小さい工務店」のI社長、「プラント工事の機械屋さんに徹する」M社長、「完成度の高い工場専門の建築業者」のN社長、「思いやりという得意技」のT社長、「役所の予算を追加されるほどの積算名人」「高性能ドローンを購入された」A社長、「セルローズファイバー」の山本順三さん、「無垢の木と自然素材にこだわる住宅専門業者」のM社、「俺はついている、俺は運のよい男」のK社長、「お人柄の良さが10億円の元請工事につながる」H社長、「悪運を強運に変える」T社長、「汗をかく、冷や汗もかく」K社長、「B社長からの贈り物」のB社長、「社長が最高の経営コンサルタント」のM社長、「Y社長の愛読書」のY社長、「潜在意識が善回転する」K社長、「C社長の魅力」のC社長、「信頼の一言」のF社長など、経営者のマインドを変えて、多額の利益を計上されています。また、深い思いやりのある経営者ばかりです。

ダム経営は、お金のダム、人材のダム、信用のダム、人格のダムです。どれ一つとして、おろそかにできません。しかし、ご紹介しました社長さんらの共通点は、特に「人格のダム」を高められ感謝を忘れず謙虚に努力された結果、お金のダムも、人材のダムも、信用のダムも、自ずから形成されてきたのではないでしょうか。

このような社長さんの体験談を通じて、すばらしい「智慧の経営」を教えていただきました。心から御礼を申し上げます。ありがとうございました。

著者紹介

北口義明（きたぐち・よしあき）

1950年、大阪府に生まれる。1967年、短編「使い過ぎたワゴン」を執筆。1976年、詩集「律ちゃんランラン・律ちゃんドンドン」を執筆。1982年、行政書士登録。同年、建設業と運送業の許認可を専門とする北口行政書士事務所を開業。1988年、潜在意識に目覚め自分の過去世を知る。武将、詩人、商売人、坊主の魂が宿る。2004年、短編「佳世ちゃん」を執筆。2007年〜2009年、大阪府行政書士会会長。2009年、演題「事務所経営」で全国講演。2010年、HPに「社長の応援歌」「健康の応援歌」「成功の応援歌」「幸せの応援歌」「お金の応援歌」の応援歌シリーズを執筆開始。2018年、大阪府立大学大学院修了、経営学修士を取得。2024年、現代詩「心化粧」で関西詩人協会に入会。好きな言葉は「幸せだと思った時から、幸せが始まる」。

HP：https://kitaguchi-gyosei.com/

儲かりまっか。建設業繁栄の応援歌

2024年11月6日　第1刷発行

著　者――――北口義明
発　行――――日本橋出版
〒103-0023　東京都中央区日本橋本町2-3-15
https://nihonbashi-pub.co.jp/
電話／03-6273-2638
発　売――――星雲社（共同出版社・流通責任出版社）
〒112-0005　東京都文京区水道1-3-30
電話／03-3868-3275

ISBN 978-4-434-34625-5